本当によくわかる
WordPress
の教科書

改訂2版
バージョン 5.x 対応

はじめての人も、挫折した人も、
本格サイトが必ず作れる

Tatsuhiko Akashi 赤司達彦

SB Creative

本書に関するお問い合わせ

この度は小社書籍をご購入いただき誠にありがとうございます。小社では本書の内容に関するご質問を受け付けております。本書を読み進めていただきます中でご不明な箇所がございましたらお問い合わせください。なお、お問い合わせに関しましては以下のガイドラインを設けております。恐れ入りますが、ご質問の際は最初に下記ガイドラインをご確認ください。

ご質問の前に

小社 Web サイトで「正誤表」をご確認ください。最新の正誤情報を下記の Web ページに掲載しております。

本書サポートページ

URL https://isbn2.sbcr.jp/02987

上記ページの「正誤情報」のリンクをクリックしてください。なお、正誤情報がない場合、リンクをクリックすることはできません。

ご質問の際の注意点

- ご質問はメール、または郵便など、必ず文書にてお願いいたします。お電話では承っておりません。
- ご質問は本書の記述に関することのみとさせていただいております。従いまして、○○ページの○○行目というように記述箇所をはっきりお書き添えください。記述箇所が明記されていない場合、ご質問を承れないことがございます。
- 小社出版物の著作権は著者に帰属いたします。従いまして、ご質問に関する回答も基本的に著者に確認の上回答いたしております。これに伴い返信は数日ないしそれ以上かかる場合がございます。あらかじめご了承ください。

ご質問送付先

ご質問については下記のいずれかの方法をご利用ください。

▶ Webページより
上記のサポートページ内にある「この商品に関するお問合せはこちら」をクリックすると、メールフォームが開きます。要綱に従ってご質問をご記入の上、送信ボタンを押してください。

▶ 郵送
郵送の場合は下記までお願いいたします。

〒106-0032
東京都港区六本木2-4-5
SBクリエイティブ　読者サポート係

■本書で使用しているWordPressのバージョンは5.2です。
■本書内に記載されている会社名、商品名、製品名などは一般に各社の登録商標または商標です。本書中では®、™マークは明記しておりません。
■本書の出版にあたっては正確な記述に努めましたが、本書の内容に基づく運用結果について、著者およびSBクリエイティブ株式会社は一切の責任を負いかねますのでご了承ください。
■本書に関する注意事項
本書を制作するにあたり、最新のWebサイトを集めることに努めましたが、運営サイト側の更新や変更により、指定のURLにアクセスしても紙面とは違う構成になっていたり、場合によりサイトにつながらないこともあります。

©2019 Tatsuhiko Akashi　本書の内容は著作権法上の保護を受けています。著作権者・出版権者の文書による許諾を得ずに、本書の一部または全部を無断で複写・複製・転載することは禁じられております。

はじめに

✓ **HTMLやCSSなどの専門知識がなくてもOK**
✓ **操作しながら段階的に学習できる**
✓ **簡単な操作のみで本格サイトをつくれる**

　今回、前作の「本当によくわかるWordPressの教科書 はじめての人も、挫折した人も、本格サイトが必ずつくれる」を読者の皆様にご好評いただき、改訂版を出版する運びとなったこと、大変嬉しく感じております。

　前作は私の処女作ということもあり、WordPressに関する私の知見がどこまで読者のお役に立てるのか、一抹の不安を抱えながら執筆に取り組んでおりました。刊行後、増刷を重ねるほどに読者の皆様に受け入れていただき、また多数の質問等もいただいたことを嬉しく感じると同時に、WordPressをこれから学習される読者がどのような点に疑問を持ち、また挫折しやすいのか、改めて認識することとなりました。

　また、この本を手にとっていただいた方でしたらご存知かもしれませんが、前作刊行からおよそ1年半の間にWordPressには大きな変化が起きました。昨年の12月のバージョン5.0へのアップデートに伴い、WordPressのエディタ（編集画面）にGutenbergが導入されたことです。

　Gutenbergは「ブロック」という概念を用いることで従来のエディタにくらべて、文書をより視覚的に作成することができます。実際に私も、従来のエディタではHTMLをベースに作成していた文書を、Gutenbergではブロックを多用して作成するようになりました。今回の改訂版は、このGutenbergで文書作成をおこなう方法を読者に理解していただくことが目的でもあります。しかしながら、その使用方法も本書では基本的な解説に終始していることも事実であり、読者には本書でWordPressの基礎を学んでいただき、その後はご自身でGutenbergを利用した文書作成を楽しみながら、より深く理解を進めていただきたいと願っております。

　あわせて今回の改訂版では、前作で読者からのご質問が多かった箇所の改定、そしてご要望を多くいただいた無料レンタルサーバーへのWordPressの導入方法の追記など、より読者のご要望に沿えるよう改良を加えています。

　前作の刊行以来、WordPressは多くの人が利用できるツールへ一段と普及が進んでいることを感じています。新エディタGutenbergの導入でまったくの初心者の方でも画像や動画を用いた、より複雑な文書の表現が可能となっており、その表現の多様さも、これからWordPressを学ぶ方に感じていただきたい「WordPressの面白さ」の一つです。

　前作に引き続き、本書でもWordPressでご自身の表現の幅を広げ、さらにはビジネスでも活用いただくことで、読者の成長機会に貢献できれば、それこそが著者として至上の喜びです。

赤司 達彦

本書の使い方

読み方

　本書は以下のようなページ構成になっています。まずは冒頭の文章を読んで基礎をおさえ、手順に沿って各画面を操作していけば、本格的なWebサイトが簡単につくれます。

読み方説明

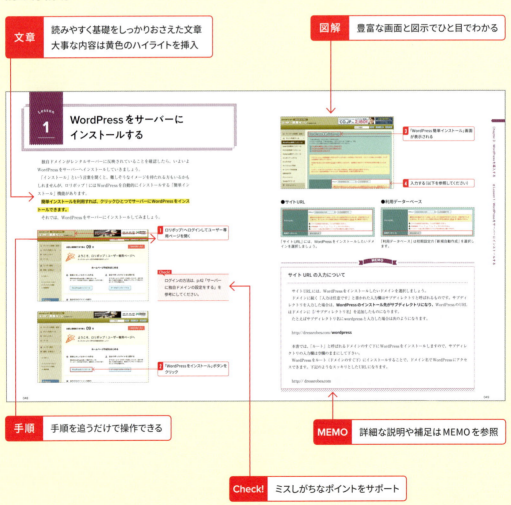

文章 読みやすく基礎をしっかりおさえた文章　大事な内容は黄色のハイライトを挿入

図解 豊富な画面と図示でひと目でわかる

手順 手順を追うだけで操作できる

Check! ミスしがちなポイントをサポート

MEMO 詳細な説明や補足はMEMOを参照

作成できるサイト

本書の手順に沿っていくと、下記のサイトが作成できます。
「トップページ」「ブログ」「ギャラリー」「アクセス」「お問い合わせ」「ショッピングカート」など、本格サイトに必要なコンテンツが揃います。WordPress独自の機能「テーマ」を使用して作成します。
本書オリジナルテーマのダウンロード方法は、p.295をごらんください。

トップページ

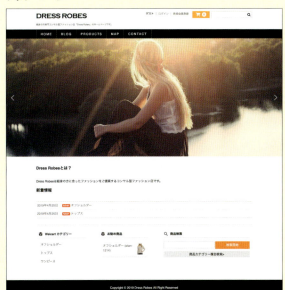

■1ページ型サイトの画像の説明

1ページにコンテンツが詰まった「1ページ型サイト」が作れる本書オリジナルテーマもあります。

ブログ

ギャラリー

アクセス

お問い合わせ

Contents

本書の使い方 4

Chapter 1 WordPressの利便さ … 11

Lesson 1　WordPressとは？ 12
Lesson 2　WordPressを使用するメリット 13
Lesson 3　WordPressが実際に利用されているWebサイト 17

Chapter 2 WordPressを使う準備をする … 19

Lesson 1　ドメインを取得する 20
Lesson 2　サーバーを借りる 32

Chapter 3 WordPressを導入する … 47

Lesson 1　WordPressをサーバーにインストールする 48
Lesson 2　WordPressへのログイン方法を理解する 53
Lesson 3　管理画面の構成 55

Lesson 4　Webサイトの表示方法 ………………………………………… 66

Chapter 4　WordPressの基本設定　67

Lesson 1　WordPressを最新バージョンへ更新する ……………… 68
Lesson 2　検索エンジンでの表示設定 …………………………………… 69
Lesson 3　コメントの許可 …………………………………………………… 70
Lesson 4　パーマリンクの設定 …………………………………………… 72
Lesson 5　ニックネームの設定 …………………………………………… 75

Chapter 5　テーマをインストールする　77

Lesson 1　WordPressのテーマについて ……………………………… 78
Lesson 2　テーマのインストール ………………………………………… 79
Lesson 3　Welcartプラグインをインストールする ………………… 82
Lesson 4　オリジナルテーマが反映されていることを確認する …… 84

Chapter 6　Webサイトの全体像をつくる　85

Lesson 1　ロゴの設定 ………………………………………………………… 86

Lesson 2	キャッチフレーズの設定	91
Lesson 3	ヘッダーについて	92
Lesson 4	Webサイトのキー色の設定	93
Lesson 5	ヘッダー画像の設定	99
Lesson 6	コピーライトの設定	103
Lesson 7	1ページ型サイトのメリットとデメリット	105

Chapter 7 Webサイトのコンテンツの作成　119

Lesson 1	WordPressのページ構成	120
Lesson 2	どんなページをつくるのか決める	121
Lesson 3	文章を投稿する	122
Lesson 4	ページを作成、更新時は必ずプレビューで確認する	125
Lesson 5	投稿に画像を追加する	126
Lesson 6	文字の装飾とリンクの挿入	128
Lesson 7	投稿の編集と削除	133
Lesson 8	アイキャッチ画像を設定する	136
Lesson 9	カテゴリーの作成	138
Lesson 10	固定ページの作成	142
Lesson 11	トップページとブログページを固定ページに変更する	149
Lesson 12	ナビゲーションメニューの作成	151
Lesson 13	ウィジェットの設定	160

Chapter 8 プラグインで高度な機能を導入する　171

- **Lesson 1** プラグインの追加 …… 172
- **Lesson 2** Flexible Mapで地図を導入する …… 175
- **Lesson 3** Contact Form7でお問い合わせフォームを設置する …… 182
- **Lesson 4** パンくずリストを設置する …… 188
- **Lesson 5** トップページにお知らせを表示する …… 190
- **Lesson 6** ヘッダー画像をスライドショーに変更する …… 193

Chapter 9 ショッピングカート機能を利用する　199

- **Lesson 1** Welcartプラグインとは …… 200
- **Lesson 2** 基本設定 …… 206
- **Lesson 3** 商品を作成する …… 210

Chapter 10 Webサイトへ集客する　221

- **Lesson 1** Webサイトへの集客と分析 …… 222
- **Lesson 2** Webサイトへの集客 …… 224
- **Lesson 3** Webサイトの状況を分析する …… 246

Lesson 4　XMLサイトマップの送信 ……………………………………………………………… 262

Chapter 11　Webサイトを安全に運用する　265

Lesson 1　WordPressのアップデート …………………………………………… 266
Lesson 2　パスワードの管理 ………………………………………………………… 267
Lesson 3　2段階認証 …………………………………………………………………… 269
Lesson 4　WordPressデータのバックアップ …………………………………… 272

付　録　無料レンタルサーバーによるWordPressサイトの構築 ……………………… 279
索引 ………………………………………………………………………………………………… 288
ダウンロードファイルについて ……………………………………………………………… 295

Chapter 1

WordPressの利便さ

WordPressの基本的な知識から
WordPressを使うことによる11のメリットまで
簡潔に詳しく説明します。

Lesson 1　WordPressとは?
Lesson 2　WordPressを使用するメリット
Lesson 3　WordPressが実際に利用されているWebサイト

Lesson 1 WordPressとは？

WordPressを一言でいうと、「**簡単にサイト、ブログを作成できるシステム**」です。WordPressはCMS（Content Management System）と呼ばれるソフトウェアで、プログラミングや**HTML**[※1]**などの専門知識なしでサイト、ブログを作成、管理できます。**

CMSのうちWordPressの国内での市場シェアは80％を超え、全世界の3分の1ものサイトがWordPressを利用して作成されているというデータもあります。

※1
HTML（HyperText Markup Language）は、Webページを作成するためのマークアップ言語です。世界中のWebページはすべてHTMLで作成されています。

図 WordPressのシェア

WordPressでは、ブログやマップ、お問い合わせなどの基本的なページも作成できますし、販売に最適な多機能なギャラリーページ、ショッピングカートも、**クリックと少しの文字入力のみで簡単に作成できます。**加えて、最近よく見る、1ページにすべてのコンテンツのあるサイト（1ページ型サイト）も作成できます。

本書で作成できるサイトの完成形をダウンロードファイルとして配布しています。ダウンロード方法はp.293を参照してください。

図 本書で作れるサイトの一部紹介

※2
複数ページ型サイトは、その名の通り複数のページで構成されているサイトのことです。基本的にですがその構成は、トップページから他ページ（ギャラリーやショッピングカート、お問い合わせなど）に遷移するつくりになっています。

Lesson 2 WordPressを使用するメリット

■ WordPressの11のメリット

　WordPressを利用するメリットは、**11個**あります。このChapterでは、それぞれのメリットについて詳しく説明していきます。

1. 無料ではじめられる
2. 無料、有料のデザイン（テーマ）を選択できる
3. カスタマイズの自由度が高い
4. HTMLやCSSを知らなくても記事を簡単に更新できる
5. ブログだけではなく、企業サイトなども作成できる
6. 複雑な機能も簡単に導入できる
7. 集客対策に便利
8. 分からないことはネットで調べて解決できる
9. サイトを管理者に削除されるリスクがない
10. 広告を貼らない、または広告を貼って広告収入を得られる
11. アフィリエイトができる

▨ 無料ではじめられる

　WordPressは誰でも自由に再利用ができるソフトウェアです。
　WordPressのシステム自体は無料で配布されるため、サーバー[※1]にインストールできれば、==誰でも無料で簡単にはじめられます==。
　ただし、**WordPressの利用をはじめるためには自分でレンタルサーバーやドメインを取得する必要があるため、多少の費用が必要となってきます。**ですが、本腰を入れてサイトを運営したいということであっても、==毎月500円程度==で済むでしょう。

※1
サーバーや、レンタルサーバー、ドメインという単語については、Chapter2で説明します。WordPressを利用するためにはこういったサービスが必要であるということだけ理解しておきましょう。

> **Check!**
> 完全に無料でWordPressを利用することももちろん可能です。その場合は、無料のレンタルサーバーを利用したり、自分のPCでサーバーを立てる手段があります。無料レンタルサーバーを利用する方法は本書「付録」のP.279をごらんください。

無料、有料のデザイン（テーマ）を選択できる

独自のデザインを選択できる「テーマ」という機能があります。好きなテーマを選択して、簡単にデザインを変更できます。テーマは無料、有料で配布されており、世界中のデザイナーが作成した膨大な数のテーマから選べます。

図 テーマの例

カスタマイズの自由度が高い

たとえば経営しているお店のサイトを作成する際に、お客さんから問い合わせを受け付ける「お問い合わせフォーム」の設置をしたいと考えたとしましょう。

もしWordPressではなく無料ブログなどを使用していた場合、無料ブログ内ではお問い合わせフォームを利用できません。外部のメールフォームサービスにリンクを貼る必要があります。ですが、外部のメールフォームは色合いなどを調整できても、ブログのデザインと一致するような細かな調整ができません。

WordPressであれば、後述のプラグイン[※2]という、さまざまな機能を追加することができるツールが開発されています。自分では作成できないメールフォームなどの複雑な機能も、プラグインを利用して手軽に導入できます。デザイン面だけでなく、機能面でもカスタマイズ性が高いのです。

※2
プラグインとは、平たく言えば「WordPressにより高度な機能を手軽に追加することができるツール」です。Chapter8で実際に操作しながら学びましょう。

HTMLやCSSを知らなくても記事を簡単に更新できる

HTMLやCSS[※3]を知らなくても、管理画面から簡単に記事を投稿できます。

高度な企業サイトであれば、多少のHTML、CSSの知識は必要ですが、簡易な個人経営のショップサイトであれば難しい知識がなくても問題なく利用できます。

※3
CSSとは、Webページのデザイン部分を指定する言語です。簡単な例としては、Webページに表示する文字の色を変えるなどがあります。その他デザインに関するさまざまな指定が可能です。

ブログだけではなく、企業サイトなども作成できる

すでに述べていますが、WordPressはブログだけでなく、企業サイトなどの一般的なサイトも作成できます。

ですので、会社紹介ページなどの固定化したいページと、ブログのように随時更新したいページを同じWordPress内で管理できます。サイトと外部のブログサービスを別々に管理する手間がかかりません。

複雑な機能も簡単に導入できる

プラグインを使って、WordPressにさまざまな機能を追加できます。

WordPress本体はCMSに必要な最小限の機能のみで構成されているため、CMSに必要な機能以外については含まれていません。

そこで管理者ごとに必要な機能を持ったプラグインを追加することで、理想に応じたサイトを作成できます。お問い合わせフォームやショッピング機能など、本来プログラミングが必要な機能でも、プラグインを利用することで簡単に導入できます。

図 お問い合わせフォーム

図 ショッピング機能

集客対策に便利

集客にもさまざまな方法がありますが、その1つにSEOがあります。SEOとは「Search Engine Optimization」の略で、日本語では「検索エンジン最適化」という意味です。サイトのコンテンツが検索エンジンに評価されやすいように最適化をおこなう施策のことをいいます。

WordPressを利用するだけでは、他のサイトよりも検索エンジンに高く評価されることにはなりません。ですが、WordPressはSEOの手法の80～90%に対応するように開発されているともいわれており、まったく対策していないサイトと比べるとSEO対策にかける手間を大きく省けます。SEOに効果的なプラグインも充実しています。効果の高いSEO対策を、省力化して効率的におこなえるのです。

分からないことはネットで調べて解決できる

　WordPressは国内CMSのうち80%を超えるシェアを占めていることもあり、多くのユーザーがサイトやブログでWordPressについて情報を発信しています。

　また、「WordPress Codex」と呼ばれるオンラインマニュアルが存在します。Codexは誰でも編集ができ、英語マニュアルの多くが日本語に翻訳されているので、ぜひ活用しましょう。

サイトを管理者に削除されるリスクがない

　WordPressは無料ブログとは異なり、ブログそのものをレンタルしているわけではありません。WordPressというブログシステムは自身の所有物です。

　そのため、レンタルサーバーの規約等に違反しない限りは、基本的にはどのような内容のブログやサイトでも削除されるリスクはありません。

広告を貼らない、または広告を貼って広告収入を得られる

　無料ブログのデメリットには、「広告が自動的に挿入される」という点があります。自動的に挿入される広告は見た目にも記事を閲覧する時の邪魔になりますし、広告収入がブログの管理者に入ってくることもありません。

　その点、WordPressであればサイトに広告を貼らなくても構いませんし、広告を貼って広告収入を得ることもできます。広告の大きさや位置を調整することも可能です。

アフィリエイトができる

　アフィリエイトとは、簡単にいうと「企業が提供している商品やサービスをあなたのブログやサイトで販売すること」です。自身のサイトを経由して企業の商品やサービスが購入されると、成果報酬が支払われます。

　無料ブログの中にはアフィリエイトを禁止しているサービスもあります。

　しかしWordPressであれば、サイト、ブログの所有者はあなたなので、広告と同じように、アフィリエイトをするもしないも管理者であるあなた自身で決められます。

Lesson 3 WordPressが実際に利用されているWebサイト

実際にWordPressを利用している企業サイトを紹介します。以下のサイトは、すべてWordPressを使用して作成されています（2019年5月時点）。

東京国立近代美術館

URL https://www.momat.go.jp/

カカクコム（価格.com運営企業）

URL https://corporate.kakaku.com/

ヤマサ醤油

URL https://www.yamasa.com/

TechCrunch

URL https://jp.techcrunch.com/

AppBank

URL http://www.appbank.net/

> **Check!**
> 月間で1億回以上閲覧されているサイトです。
> WordPressで作成されたサイトが多くの閲覧数に耐えられることがわかります。

MEMO

WordPressでアフィリエイトを利用するメリット

WordPressでサイトを運営するメリットの一つに、アフィリエイトができることを述べました。

アフィリエイトとは、サイトで企業の商品やサービスを紹介し、訪問者がその商品やサービスを購入すると紹介者に対して成果報酬が支払われる仕組みのことです。

アフィリエイトは一般的にアフィリエイト・サービス・プロバイダー（ASP）という広告代理店を通しておこないます。

そのため、私たちは自分で広告主を探すことなく、ASPにサイトを登録するだけで無料ですぐにアフィリエイトをはじめられます。

図 アフィリエイトの仕組み

図 代表的なASP

A8.net

URL https://www.a8.net/

バリューコマース

URL https://www.valuecommerce.ne.jp/

無料ブログではアフィリエイトを禁止しているサービスもあります。

そのためアフィリエイト広告を貼ってしまうと規約違反となり、ブログが削除されてしまう恐れもあります。

ブログが削除されてしまうリスクを避けるためにも、独自でブログを運営することは非常に重要です。

WordPressを利用してサイトを作成すればブログが削除されるリスクもありませんし、アフィリエイト広告以外にも、検索エンジンのGoogleが提供しているAdsense広告や、提携企業の独自広告などを自由に貼って収益を得ることができます。

Chapter 2

WordPressを使う準備をする

WordPressを利用する前に準備をします。
本格的なWebサイトを作成するために、
自分だけのドメインとサーバーをつくりましょう。

Lesson 1　ドメインを取得する
Lesson 2　サーバーを借りる

Lesson 1 ドメインを取得する

ドメインとは？

ドメイン[※1]を簡単にいうと、「**サイト（ブログ）の住所**」のことです。インターネットの利用者は、その住所にアクセスすることで、そこに存在するページを閲覧することができます。

ドメインも現実世界の住所と同じように、他のサイトと同じドメインを使用することはできません。もしインターネット上に同じドメインが複数存在していたらどうでしょうか？　利用者が見たいページとは別のページが開いてしまう可能性があります。

==ドメインは世界でただ1つのものである必要があります。==

図 ドメインのイメージ

[※1] ドメインを専門的に説明すると、「IPアドレス」というものを文字列で書き換えたものになります。「IPアドレス」とは数字で表された住所です。この住所を文字で書き換え、わかりやすくしたものが「ドメイン」になります。

独自ドメインのメリット

ユーザーが自由に名前を決めることのできるドメインを「独自ドメイン」といいます。

一方で、すでに存在するドメインを複数に分割して割り当てるドメインをサブドメイン[※2]やサブディレクトリといいます。

ここで、無料ブログのアメブロにブログを作成した場合のドメインと、独自ドメインのドメインを並べてみます。

https://ameblo.jp/dressrobes　←長い
アメブロのドメイン　サブディレクトリ

http://dressrobes.com　←短い
独自ドメイン

このように==独自ドメインのURLはシンプルにすることが可能==です。

[※2] ここでは説明していませんが、サブドメインとは「http://○○.com」を例にすると、「http://**sub**.○○.com」の「sub」の部分をいいます。

また、このようなサブドメインやサブディレクトリ型のドメインは、たとえば、他人の家を間借りしているようなものです。信頼が必要なビジネスであれば、他人のドメインでホームページを公開していることに不信感を抱く人もいるでしょう。現実のビジネスでも、自身のオフィスをかまえて営業している取引先のほうが信頼できるのではないでしょうか。独自ドメインという自分だけの住所を持つことで、==訪問者に「しっかりと運営されているホームページなんだ」という印象を与えられます。==

図 サブドメインと独自ドメイン

　また、独自ドメインの大きなメリットとして==SEOにも有利==なことが挙げられます。**ドメインは長く使用するほど、相対的に検索エンジンからの評価が高くなり、記事が上位に表示されやすいという傾向があります。**

　もし独自ドメインを取得せずにブログを運営していた場合、ブログを他のサーバーへ引っ越してしまうとドメインも変わってしまうので、あなたのブログの検索エンジンからの評価は0に戻ってしまいます。

　独自ドメインであればサーバーを引っ越した場合でも引き続き使用できます。一度ドメインを取得してしまえば、維持費※3**を支払っている限りあなたのものとして評価され続けるのです。**

※3
独自ドメインは一般的にですが、取得した後一年ごとに更新料が発生します。更新料を支払うのを忘れてドメインを失効してしまわないよう注意しましょう。

独自ドメインの**3**つのメリット

1. URLをシンプルにすることができる
2. 独自ドメインという自分だけの住所を持つことで取引先や訪問者に信頼感を与える
3. SEOに有利

図 独自ドメインはSEOにも有利

ドメインの名前の決め方

ドメインには**トップレベルドメイン**と呼ばれる、「.（ドット）」の後に続くローマ字があります。

https://dressrobes.com/

トップレベルドメイン

トップレベルドメインには多くの種類があります。それぞれのトップレベルドメインについては、以下を参考に決定すると良いでしょう。

表 トップレベルドメインの種類と傾向

トップレベルドメイン	説 明
.com　.co.jp　.jp	日本企業が多く使用している。日本の法人向き
.com　.net	個人事業主やフリーランスの方向き

では、トップレベルドメインの前にあるドメイン名にはどのようなものを付けるのが良いのでしょうか？　ポイントを2つ紹介します[※4]。

1. 法人名やサービス名がわかる名前にする

たとえば、検索エンジンのYahoo!JAPANのドメイン名は「yahoo.co.jp」です。法人名・サービス名と一致していて、誰が見てもYahoo!JAPANのホームページであることがわかりますね。

法人名・サービス名が長い場合は省略しても良いでしょう。三井住友銀行のドメイン名は「SUMITOMO MITSUI BANK CORPORATION」の単語の頭文字をとった「smbc.co.jp」という省略したドメイン名です。

2. 省略しすぎず、覚えやすいものにする

「名前が長い場合は省略しても良い」と述べましたが、ドメイン名は覚えやすい名前にするのがおすすめです。

先に挙げた三井住友銀行のドメインは、確かに短くわかりやすいドメイン名ですが、三井住友銀行をSMBCと認識している人以外は、三井住友銀行のドメインであることをすぐに理解できる人は少ないのではないでしょうか。

必ずしもダメということではありませんが、ドメイン名から企業や商品、個人名などがイメージできないほどに省略することは避けたほうが良いでしょう。

※4
ここでは触れていませんが、実はドメイン名を日本語に設定することも可能です。ユーザーが覚えやすい、取得しやすいなどのメリットがあります。ただし、基本的にメールアドレスとして使えない、海外の方にも発信したい場合は無意味、使用できないサーバーもある、などのさまざまなデメリットがあります。初心者の方はまずはアルファベットのドメイン名を設定した方が良いでしょう。

🖿 ドメインを取得する

前項を参考に独自ドメインの名前の候補をいくつか書き出してみてください。

　　dressrobes.com　　dress-robes.net　　fasshion-web.jp

インターネット上の他のウェブサイトと重複しているドメインがあった場合は、ドメイン取得時に重複していることを知れるので、そのドメインの取得を諦め、その他の候補で取得を検討します。

では、ドメインを取得してみましょう。

ドメインの取得は、ドメイン取得会社（ドメイン登録代行業者）のホームページからおこないます。本書では、「ムームードメイン」というドメイン取得会社を利用します。

1 ムームードメインにアクセス
https://muumuu-domain.com/

2 ページ上部の入力欄に取得したいドメイン名を入力

3 「検索する」ボタンをクリック

Check!
「検索する」ボタンをクリックすると、左図の赤枠のようにトップレベルドメインごとに、取得可能かどうかを示す一覧が表示されます。取得可能な場合には「カートに追加」ボタンが表示されています。

「取得できません」ボタンについて

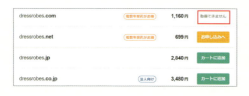

誰かに使用されている場合、「カートに追加」ボタンは「取得できません」と表示され、使用できません。あきらめて別のドメインを取得しましょう。

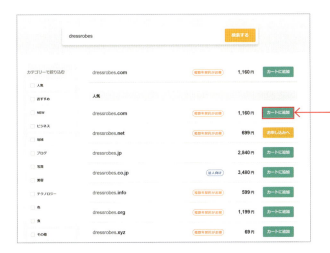

4 取得したいドメインの右側に表示されている「カートに追加」ボタンをクリック

5 「カートに追加しました」画面が表示される

6 「×」ボタンをクリックして画面を閉じる

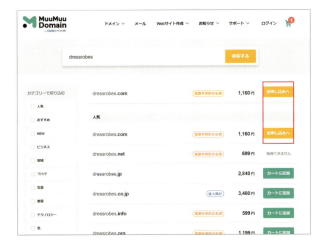

Check!

ドメインがカートに追加されると、左図の赤枠のように「カートに追加」ボタンが「お申込みへ」という文字に変わります。他にもドメインを取得する場合は、同じ手順でドメインをカートに追加しましょう。

7 ページ右上の「カート」ボタンをクリック

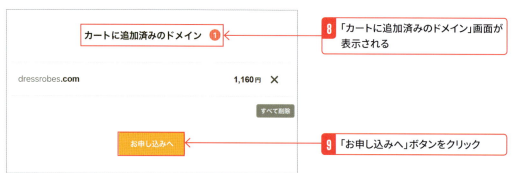

8 「カートに追加済みのドメイン」画面が表示される

9 「お申し込みへ」ボタンをクリック

10 ユーザー確認画面が表示される
ムームードメイン登録済の場合はログインを行う
未登録の場合は 11 へ

Check!
ドメインを取得するためにはムームードメインへの登録が必要です。登録は無料です。

11 「新規登録する」ボタンをクリック

12 メールアドレスとパスワードを入力

13 「利用規約に同意して本人確認へ」ボタンをクリック

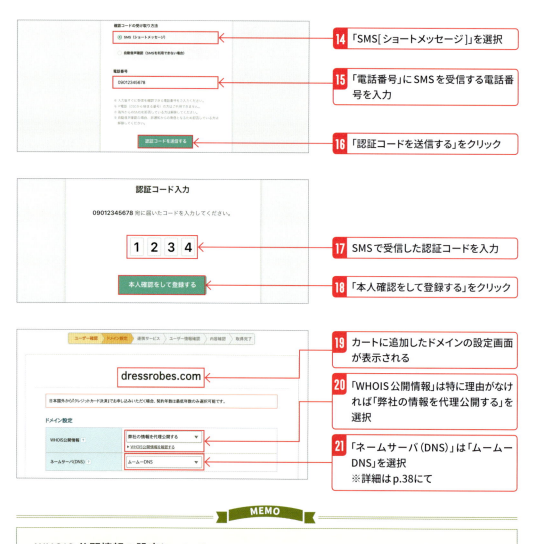

MEMO

WHOIS 公開情報の設定について

「WHOIS 公開情報」とは、ドメインの所有者を確認するための情報です。

インターネット上で一般公開され、誰でも閲覧できるので注意が必要です。氏名やメールアドレスなどが一般に公開されることになります。

個人情報を公開したくない方は「弊社の情報を代理公開する」を選択しましょう。ムームードメインを運営する企業の情報が WHOIS 公開情報として登録されるので、個人情報がインターネット上に公開されることを避けられます。

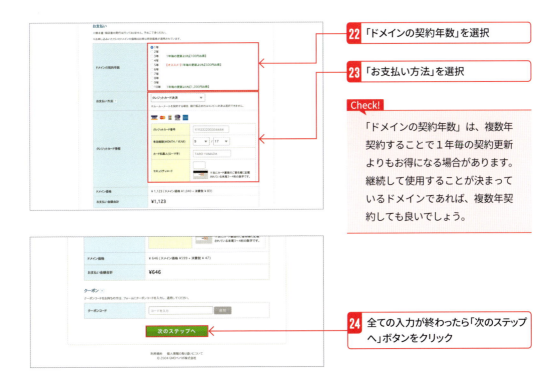

MEMO

ムームーメールについて

　ドメインの設定中に、「ムームーメール」という項目が表示されます。

　「ムームーメール」は、独自ドメインのメールアドレスを使用することができるWebメールサービスです。独自ドメインのメールアドレスをGmailなどと同じようにインターネット上で管理できます。

　本書の解説では「ロリポップ！」でドメインを運用するので、ムームーメールは使用できません。注意してください。

Lesson 2 サーバーを借りる

サーバーとは?

　サイトやブログを自分で運営する場合は、**サーバー**が必ず必要になってきます。ドメインはインターネット上の住所のようなものでしたが、**サーバーを一言でいうと「サイト（ブログ）という家を建てるための土地」**のようなものです[※1]。土地がなければ家も建てられないように、サーバーがなければサイトを公開できません。

　では、サーバーはどのように用意すればよいのでしょうか？

　サーバーは自分で用意することもできますが、サーバーを運営するためにはサーバーを稼働させるためのコンピューターや多くの専門的な知識が必要になります。

　そこで、専門的な知識がなくても使用できるレンタルサーバーというサービスを利用します。レンタルサーバーは、その名前の通り**レンタルサーバー**を提供している企業からサーバーを借りて（レンタルして）ホームページを運営できるサービスです。サーバー運営に必要なコンピューターの準備や管理はすべてその企業がおこなってくれますので、私たちは**サーバーの管理に時間を割くことなく、ホームページの運営に集中できます。**サーバーを運営する手間やコスト、セキュリティ等のリスクを考えれば自分でサーバーを用意するよりも、レンタルサーバーを借りるほうが良いでしょう。

[※1]
サーバーとは、元々は「サービスを提供するもの」という意味です。また、今回説明しているサーバーは厳密に言えば「Webサーバー」であり、他にもファイルサーバー、メールサーバーなどといったさまざまな種類のサーバーがあります。参考程度に知っておきましょう。

図 自分でサーバーを運営する場合とレンタルサーバーを借りる場合

レンタルサーバーを選ぶ条件

　WordPressを利用する場合のレンタルサーバーを選ぶ条件について紹介します。

1. WordPressをインストールできる

　レンタルサーバーの中にも無料で使用できるレンタルサーバーが存在します。しかし、無料のレンタルサーバーにはWordPressを動かすために必要なプログラムやデータベースを使えないところもあります。

　また、有料のレンタルサーバーでもプランによってはWordPressをインストールできない場合があるので、WordPressが使えるかを事前にしっかりと確認しましょう。

2. WordPressを高速に、安定して動かすことができる

　WordPressにはプログラムを動かすためのサーバーのパワーが必要になります。サーバーのパワーが足りないと、ページの表示が遅くなったり、サイトへのアクセスをさばけず、サイト全体がダウンしてしまいます。

　WordPressを集客ツールとして使用するのであれば、WordPressを高速かつ、安定して動かせるサーバーやプランを選ぶことが重要です。

3.「簡単インストール」が利用できる

　「簡単インストール」とは、ボタンをワンクリックするだけで、サーバーが自動的にWordPressをインストールしてくれる仕組みです。

　WordPressをサーバーにインストールするためには、通常、次のような手順が必要となります。

1. WordPressを公式サイトからダウンロードしてサーバーにアップロードする
2. WordPress用のデータベースを作成する
3. WordPressとデータベースを関連付ける

　3つの手順を踏めばよいだけのように感じますが、初心者の方にとってはWordPressをサーバーにアップロードする作業やデータベースを作成する作業は非常に敷居が高いものになります。

　簡単インストールを利用すれば、上記の作業をすべてレンタルサーバー側が自動でおこなってくれます。ファイルのアップロードやデータベースのことがわからない方でも、簡単かつ手軽にWordPressをはじめられます。

　以上の点を踏まえて、本書では「ロリポップ！」というレンタルサーバーを利用してWordPressのサイトを作成していきます。

◢ レンタルサーバーを契約する

　それでは、独自ドメインを取得した時と同じように、レンタルサーバーも契約してみましょう。

　すでにサーバーを契約している方や、「ロリポップ！」以外のレンタルサーバーを考えている方は、この項目は飛ばしてかまいません。

1 レンタルサーバー「ロリポップ！」のホームページへアクセス
https://lolipop.jp/

2 「まずは無料の10日間ではじめよう」ボタンをクリック

Check!
ロリポップ！には「10日間無料のお試し期間」があります。10日間使ってみて使いにくいと感じる場合などは使用をやめることもできます。

3 プラン選択画面が表示される

4 スタンダードプランの「選択する」ボタンをクリック

Check!
実際にホームページを公開して運営したい場合は、スタンダードプラン以上をおすすめします。ここでは、スタンダードプランを選択して進めていきましょう。

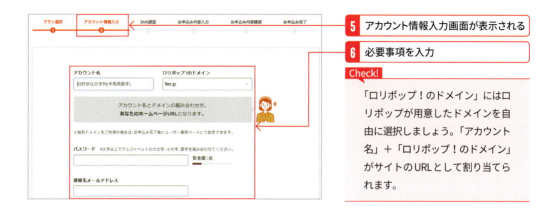

MEMO

1つのサーバーに複数のサイト、ドメイン

　ここで、「なぜ、前項で独自ドメインを取得したのに、またロリポップのドメインを選択する必要があるのか？」と思われる方もいらっしゃるかもしれませんが、独自ドメインは後からでもサーバーに追加することができます。

　不動産の場合は、「一つの敷地に一つの建物しか建てられない」という原則がありますが、==サーバーの場合は、1つのサーバーに対して複数のサイト（家）やドメイン（住所）を持つことができます。==

　契約時に作成したロリポップのドメインでサイトを運営しても良いですし、先に取得した独自ドメインを後から追加してサイトを運営するのも自由です。

　ここではまず、便宜的にロリポップ！のドメインでサーバーの住所を仮決めして契約を完了させていると考えてください。この後で、独自ドメインをひもづける作業をおこないます。

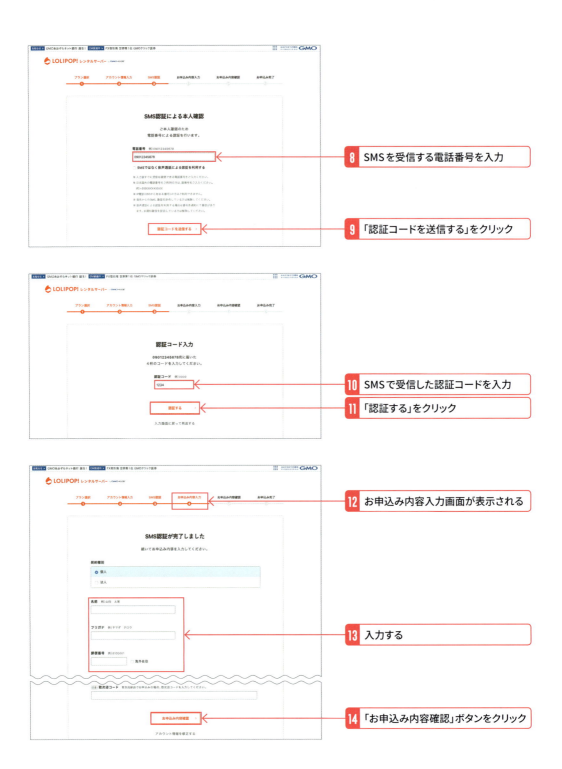

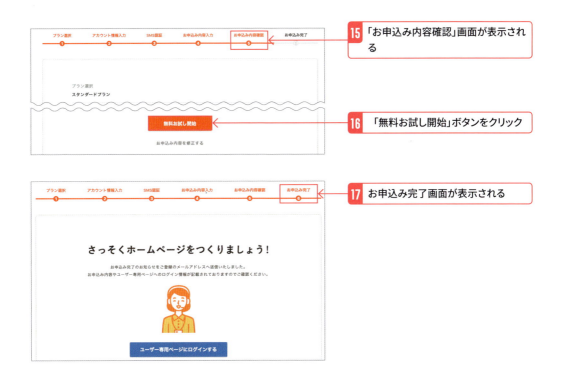

　以上で、レンタルサーバーの契約は完了となります。
　次は、契約したレンタルサーバーと前回取得した独自ドメインをひもづける作業をおこないましょう。

　独自ドメインをレンタルサーバーで使用できるまで、あと一息です。頑張りましょう！

■ ドメインのネームサーバーをサーバーにあわせて変更する

ここまでで、独自ドメインの取得とレンタルサーバーの契約が完了しました。次は取得した独自ドメインをサーバーで利用できるようにしましょう。

独自ドメインをサーバーで使用するためには、ドメインの「ネームサーバー[※2]」と呼ばれる情報を、サーバーに合わせて変更する必要があります。**ネームサーバーとは、簡単にいうと「ドメインとサーバーをひもづける情報」**です。

ドメインを「携帯電話の電話番号」、サーバーを「携帯電話」と考えるとわかりやすいかもしれません。私たちが携帯電話の番号を変えたくなったからといって、勝手に変えて使用することはできませんよね? 必ず契約中の通信事業社で新しい電話番号をあなたの携帯電話と関連づける登録をおこなわなければなりません。**ドメインの場合の携帯電話の番号変更登録作業が、「ネームサーバー」の変更になります。**

「ドメイン取得とサーバー契約を同じ会社で同時におこなう」というような場合には、契約時にネームサーバーを自動的に設定してくれることもありますが、通常はネームサーバーをサーバーに合わせて変更する作業が必要です。

それでは、実際にドメインのネームサーバーを変更してみましょう。

※2
DNSサーバーともいいます。詳しくはp.41のMEMOを参照してください。

1 ムームードメインへアクセス
https://muumuu-domain.com/

2 「ログイン」をクリックし、ムームーIDとパスワードを入力してログイン

11 「ネームサーバーの設定を変更しました」というメッセージが表示される

Check!

ネームサーバーの変更は完了です。ネームサーバーの変更が反映されるまでにはしばらく時間がかかる場合があります。その間にサーバーの独自ドメインの設定をおこないましょう。

MEMO

ネームサーバーを詳しく知る

　ネームサーバーはDNSサーバーとも呼ばれます。

　ドメインは「Webサイトの住所」ですが、実は、インターネット上で住所を表しているのは、ドメインとは別の「IPアドレス」と呼ばれるものです。IPアドレスは、「123.145.167.189」のように数字の羅列で表示されます。

　しかし、この数字で構成されたIPアドレスでは私たち人間にとって扱いにくいというデメリットがあります。そこで私たちにも扱いやすいようにIPアドレスに対して任意の文字列を割り当てたものがドメインです。

　ネームサーバーを変更することで、契約したレンタルサーバーのIPアドレスとドメインを結びつけているのです。

サーバーに「独自ドメインの設定」をする

　最後に、レンタルサーバーで独自ドメインを使用する設定をおこないましょう。独自ドメインの設定はp.34「レンタルサーバーを契約する」でレンタルサーバーを契約した直後におこなっても問題ありません。

　ここでは、独自ドメインの設定をレンタルサーバーの契約とは切り分けて理解するために、改めてロリポップ！にログインして独自ドメインの設定をおこなってみましょう。

1 「ロリポップ！」へアクセス
https://lolipop.jp/

2 右上の「ログイン」ボタンをクリック

3 利用可能なサービス一覧が表示される

4 「ユーザー専用ページ」をクリック

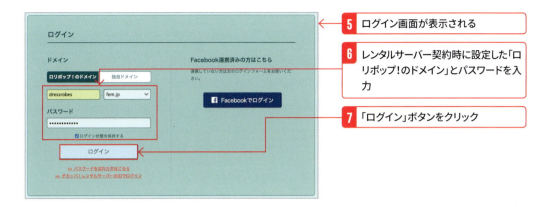

5 ログイン画面が表示される

6 レンタルサーバー契約時に設定した「ロリポップ！のドメイン」とパスワードを入力

7 「ログイン」ボタンをクリック

> Check!
>
> 「ロリポップ！のドメイン」の他に「独自ドメイン」でもログインできますが、今の時点ではまだ独自ドメインを設定していないので、ここでは独自ドメインではなく「ロリポップ！のドメイン」でログインしてください。

8 ユーザー専用ページが表示される

9 「独自ドメインを設定する」ボタンをクリック

10 ステップ2の「設定する独自ドメイン」の入力欄にp.23「ドメインを取得する」で取得したドメインを入力

11 「独自ドメインをチェックする」ボタンをクリック

以上でサーバーの独自ドメインの設定は完了です。

　ロリポップ！の場合、独自ドメインがサーバーに反映されるまで最大で1時間ほどかかります。次ページの手順で反映が確認できない場合は、少し時間を空けて反映されるのを待ちましょう。

独自ドメインがサーバーに反映されたことを確認する

それでは、最後に独自ドメインがレンタルサーバーに反映されたことを確認してみましょう。

ブラウザのアドレスバーに、設定した独自ドメインを入力してください。

http://dressrobes.com

下のような画面が表示されていれば、サーバーに独自ドメインが正しく反映されています。

もし、レンタルサーバーの独自ドメインの設定をしてから、数時間経過しても上のような画面が表示されず、「ページが存在しません」「DNSエラー」といったメッセージがブラウザに表示される場合は、ドメインのネームサーバーの変更やサーバーの独自ドメインの設定に間違いがある可能性があります。

再度このChapter2を見直して、設定に間違いがないか確認してみましょう。

以上で、WordPressを利用する準備が整いました。次のChapterではWordPressをサーバーにインストールしていきましょう。

MEMO

無料で利用できるレンタルサーバーはある？

WordPressでサイトを運営するためには、サーバは必須になります。

しかし、なるべくコストをかけずに運営したいので有料のサーバーは借りたくない方もいると思います。

無料で借りられて、かつWordPressを使用できるサーバーとして、エックスサーバーの運営会社が提供しているXFree（https://www.xfree.ne.jp/）があります。

ただし、次のような理由から、本格的にWordPressを運営するのであれば無料のレンタルサーバーはおすすめしません。

無料レンタルサーバーの3つのデメリット

1. 広告が入る

無料のレンタルサーバーには広告が入るものが多くあります。無料でサーバーを提供する代わりに広告を挿入して収益につなげているのです。サーバー側から広告が自動で挿入されるという点では無料ブログと同じなので、WordPressでサイトを運営するメリットが薄れてしまいます。

2. WordPressが使えない可能性が高い

サーバーを無料で借りることができても、WordPressを動かしているPHPと呼ばれるプログラムを使えないためにWordPressが利用できないサーバーもあります。せっかくサーバーを無料で借りられてもWordPressを使用できないのであれば本末転倒になってしまいます。

3. 有料のレンタルサーバーに比べて性能が劣る

無料のレンタルサーバーは、ディスク容量やデータ転送量が小さくなります。そのため、サーバーの表示速度が遅くなったり、画像や動画を多用したコンテンツが多い場合は保存できる容量を超えてしまうといった事態が考えられます。

以上のようなデメリットを踏まえても無料レンタルサーバーを使用したい場合、たとえば個人の趣味のサイトや、テストサイトを構築したい場合などもあるでしょう。そういった場合は、本書の付録 p.279を参照して、無料レンタルサーバーを利用してください。

Chapter 3

WordPressを導入する

取得したサーバーにWordPressを
インストールしましょう。WordPressを操作していく
管理画面についても説明します。

Lesson 1　WordPressをサーバーにインストールする
Lesson 2　WordPressへのログイン方法を理解する
Lesson 3　管理画面の構成
Lesson 4　Webサイトの表示方法

Lesson 1

WordPressをサーバーにインストールする

独自ドメインがレンタルサーバーに反映されていることを確認したら、いよいよWordPressをサーバーへインストールしていきましょう。

「インストール」という言葉を聞くと、難しそうなイメージを持たれる方もいるかもしれませんが、ロリポップ！にはWordPressを自動的にインストールする「簡単インストール」機能があります。

簡単インストールを利用すれば、クリックひとつでサーバーにWordPressをインストールできます。

それでは、WordPressをサーバーにインストールしてみましょう。

1 ロリポップ！へログインしてユーザー専用ページを開く

Check!
ログインの方法は、p.42「サーバーに独自ドメインの設定をする」を参考にしてください。

2 「WordPressをインストール」ボタンをクリック

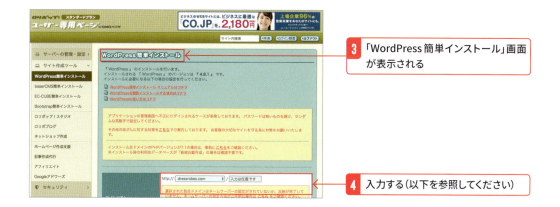

3 「WordPress簡単インストール」画面が表示される

4 入力する(以下を参照してください)

●サイトURL

「サイトURL」には、WordPressをインストールしたいドメインを選択しましょう。

●利用データベース

「利用データベース」は初期設定の「新規自動作成」を選択します。

サイトURLの入力について

　サイトURLには、WordPressをインストールしたいドメインを選択しましょう。

　ドメインに続く「入力は任意です」と書かれた入力欄はサブディレクトリと呼ばれるものです。サブディレクトリを入力した場合は、**WordPressのインストール先がサブディレクトリになり**、WordPressのURLはドメインに『/サブディレクトリ名』を追加したものになります。

　たとえばサブディレクトリ名にwordpressと入力した場合は次のようになります。

　http://dressrobes.com/**wordpress**

　本書では、「ルート」と呼ばれるドメインのすぐ下にWordPressをインストールしますので、サブディレクトリの入力欄は空欄のままにして下さい。

　WordPressをルート(ドメインのすぐ下)にインストールすることで、ドメイン名でWordPressにアクセスできます。下記のようなスッキリとしたURLになります。

　http:// dressrobes.com

[5] 入力する(以下の表を参照してください)

表 WordPressの設定 入力欄

項目	説明
サイトのタイトル	WordPress（サイト）のタイトルになります。
ユーザー名/パスワード	WordPressの管理画面にログインするために必要です。
メールアドレス	パスワードをリセットする時などに、入力したメールアドレスへ確認のメールが届きます。また、ログイン時にIDとしても利用できます。
プライバシー	検索エンジンにサイトの**インデックス**を許可するかどうかを決められます。

Check!

実在しないメールアドレスを入力してしまうと、パスワードをリセットできなくなってしまいます。**必ず現在使用しているメールアドレスを入力**してください。

インデックスについて

インデックスとは、サイトが検索エンジンに登録されることをいいます。

サイトがGoogleなどの検索エンジンにインデックスされると、ユーザーは検索からあなたのサイトに訪問できます。

インデックスを許可しない場合は、検索エンジンはあなたのサイトをインデックスに登録しないので、検索結果に表示されることはありません。

サイトがすぐに公開できる状態であれば、インデックスを許可してよいでしょう。==練習用だったり、すぐに公開できない状態であれば、いったんはインデックスを許可しないほうが良いかもしれません。==

インデックスの許可は、WordPressの設定画面からいつでも変更できます（p.69）。

ここでは、練習用のサイトと仮定してチェックを外しておきましょう。

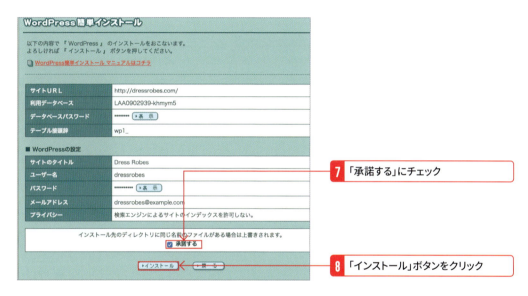

6 「入力内容確認」ボタンをクリック

7 「承諾する」にチェック

8 「インストール」ボタンをクリック

9 簡単インストールの完了メッセージが表示される

Check!

「管理者ページURL」がWordPressの管理画面（ログイン画面）になるので、ブラウザの「お気に入り」に登録したり、メモを取っておきましょう。

それでは、ドメイン（サイトURL）にアクセスしてWordPressが表示されるか、確認してみましょう。

1　「サイトURL」のURLをクリック

　上図のようにWordPressのサイトが表示されれば、正しくインストールが完了しています。

Lesson 2

WordPressへのログイン方法を理解する

WordPressをはじめて間もない頃は、管理画面へアクセスする方法がわからなくなることがよくあります。管理画面へのログイン方法をしっかりと確認しておきましょう。

p.51でインストール完了画面の「管理者ページURL」をお気に入りに登録したり、メモを取っていただきましたね。WordPressの管理画面へのログインは、その「管理者ページURL」からおこないます。

管理者ページへは、ドメインの後に「/wp-admin」を付けてアクセスできるので、メモをなくしたり、お気に入りが消えてしまった時のために覚えておきましょう。

管理者ページURL　http://あなたのドメイン/wp-admin

もし、WordPressを触っているうちにログアウトされてしまい、管理画面へアクセスする方法がわからなくなった時は**「ドメインの後に/wp-adminを付けてアクセスする」**ということを思い出してください。

管理画面にログインする

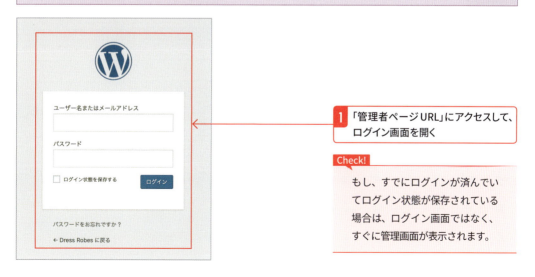

1 「管理者ページURL」にアクセスして、ログイン画面を開く

Check!
もし、すでにログインが済んでいてログイン状態が保存されている場合は、ログイン画面ではなく、すぐに管理画面が表示されます。

2 「ユーザー名またはメールアドレス」と「パスワード」を入力

3 「ログイン」ボタンをクリック

> Check!
>
> パスワード入力欄下の「ログイン状態を保存する」にチェックを入れると、一定期間管理画面へ自動でログインすることができます。アクセスするたびにログイン情報を入力するのは手間なので、チェックを入れてログインしましょう。

ログインが完了すると管理画面が表示されます。

Lesson 3 管理画面の構成

管理画面では、WordPressの管理に必要なすべての操作ができます。多くのメニューがあるので、はじめは「どこからどういう操作ができるのか？」と悩むかもしれません[※1]。操作をはじめる前に管理画面の構成を確認しておきましょう。

※1
プラグインを追加することでさらにメニューが増えることもあります。

- ❶ **ツールバー** サイトを表示するボタンがあったり、更新情報などを知らせてくれるアイコンがあります。
- ❷ **メニュー** ここに並んでいるメニューをクリックすると、クリックしたメニューのページが❸に表示されます。

📙 ダッシュボード

🔲 ホーム

WordPressの管理画面へアクセスした際に、一番はじめに表示されるのが、「ダッシュボード」の「ホーム」ページです。

このページから各管理メニューへアクセスできます。

記事の投稿数といったWordPressの状況や、記事にコメントが付いた時なども、ここで確認できます。

◪更新

WordPress本体や、テーマ、プラグインなどの更新は「更新」からおこないます。

特にWordPress本体は、WordPressの脆弱性を改善するセキュリティに重要な更新内容もあるため、更新情報がある場合は早めに更新をしておきましょう。

◪投稿

「ブログ」や「お知らせ」といった、定期的に更新が必要な記事「投稿」を作成するメニューです。

◪投稿一覧

「投稿一覧」では、現在作成済みの「投稿」記事の一覧が表示されます。

公開済みの記事だけではなく、下書きや非公開の記事などもここで確認ができます。

> **Check!**
> 「投稿」についての詳しい説明はp.120にあります。
> ひとまず、「定期的に更新が必要な記事」のことをWordPressでは「投稿」として扱うということを知っておきましょう。

◪投稿の新規追加

「投稿」記事を新規で作成できます。文章の文字を太くしたり色文字にする装飾など、さまざまな機能があります。

カテゴリー

「投稿」記事のカテゴリーを作成できます。

たとえば、「お知らせ」や「商品紹介」などのカテゴリーを作成して記事を分類することができます（「お知らせ」や「商品紹介」というカテゴリーはあくまで例になります）。

タグ

タグはカテゴリーよりも細かな分類を設定したい場合に利用します。

たとえば、カテゴリーに「とんこつラーメン」を設定したとしましょう。ですが、「とんこつラーメン」にも「博多ラーメン」や「長浜ラーメン」といった種類があります。

そういった分類はカテゴリーとして分類するには小さすぎると判断した時に、タグとして登録します。

メディア

画像や動画、音声といったメディアファイルを追加、管理できます。

ライブラリ

「ライブラリ」でメディアファイルを管理します。

記事作成時に挿入する画像や動画などは、すべてメディアライブラリから管理できます。

▰メディアの新規追加

「新規追加」では、新たにメディアファイルを追加できます。ファイルは画面上にドロップすることでも追加できます。

▰ 固定ページ

ブログのように定期的に更新する記事ではなく、「お問い合わせ」や「会社紹介」といったような、頻繁に更新を必要としないページである「固定ページ」を作成、管理します。

▰固定ページ一覧

作成されたすべての「固定ページ」を管理できます。

> **Check!**
> 「固定ページ」についての詳しい説明はp.120にあります。
> ひとまず、「頻繁に更新を必要としないページ」のことをWordPressでは「固定ページ」として扱うということを知っておきましょう。

▰固定ページの新規追加

「固定ページ」を新たに作成できます。「投稿」と同じく、文字の装飾などさまざまな機能があります。

コメント

記事に付いたコメントを管理できます。

コメントの承認や削除なども、このメニューからおこないます。

外観

主にテーマ（デザイン）を変更したり、カスタマイズをすることができます。その他にも、WordPress固有の機能のウィジェットやメニューを作成できます。

テーマ

「テーマ」は、WordPressのデザインを簡単に変更できる機能です。

テーマ機能を使用することで、他のWordPressユーザーが作成し、公開しているデザインを簡単に自分のWordPressに反映させられます。

カスタマイズ

サイトのタイトルやキャプションを変更したり、テーマの色を変更できます。テーマによってはより詳細なカスタマイズも可能です。

■ウィジェット

「ウィジェット」は、サイドバーなどのメニューを簡単に設置できる機能です。

ウィジェットを使用することで、サイドバーやフッターのメニューをHTMLやCSSを記述することなく設置できます。

ウィジェットの使用方法は、Chapter7で詳しく見ていきます。

■メニュー

「メニュー」は、ページ上部（ヘッダー）やページ下部（フッター）にあるナビゲーションメニュー（グローバルメニュー）を作成できる機能です。

ウィジェットと同じように、HTMLやCSSを記述することなく、メニューを追加できます。

Chapter7で詳しくみていきましょう。

表 外観のその他のメニュー

メニュー名	説明
ヘッダー	ヘッダー画像を変更できます。ヘッダー画像は「カスタマイズ」からも変更可能です。ただし、このメニューはテーマによっては表示されない場合があります。
背景	背景の色や画像を設定できます。ヘッダーと同じく「カスタマイズ」からも変更可能です。ただし、このメニューはテーマによっては表示されない場合があります。
テーマエディター	上級者向けのメニューです。WordPressを構成するプログラミング言語であるPHPのファイルを修正したり、CSSでデザインを変更できます。WordPressをより細かくカスタマイズしたいと思った時に学んでみてください。

■ プラグイン

WordPressのプラグインを管理することができます。

Chapter1でも触れましたが、プラグインはWordPressの機能を拡張するツールです。プラグインを利用することで、複雑な機能でも自分でプログラムを書くことなく、簡単に導入できます。

プラグインの導入方法については、Chapter8で詳しく説明します。

インストール済みプラグイン

WordPressに追加（インストール）しているすべてのプラグインを管理できます。

個々のプラグインの削除などもこの画面でおこないます。

プラグインの新規追加

新たにプラグインをWordPressに追加（インストール）できます。

> **Check!**
> 「プラグインエディター」というメニューもありますが、これは上級者向けのメニューです。インストール済みのプラグインのファイルを直接編集することができます。本書を読んで、自分でプラグインを編集したいと思った際には、深く学んでいくとよいでしょう。

ユーザー

WordPressに登録しているユーザーを管理できます。

たとえば、WordPress全体を管理する「管理者」や、記事の編集を担当する「編集者」といったユーザーを作成し、管理できます。

ユーザー一覧

すべてのユーザーを管理できます。ユーザー情報の変更や削除も、ここからおこないます。

ユーザーの新規追加

新たにユーザーを追加できます。各ユーザーにどんな行動を許可するかも設定できます。

あなたのプロフィール

管理者のプロフィール情報を編集できます。

メールアドレスやパスワードの変更、プロフィール画像の変更などもこの画面からおこないます。

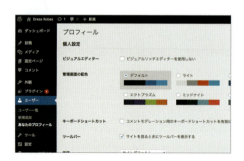

ツール

WordPressの運営に便利な、様々なツールを利用できます。
また、プラグインによってはこの「ツール」メニュー内にプラグインの管理メニューが追加される場合があります。

利用可能なツール

「カテゴリーとタグの変換ツール」がおこなえます。ツールの使用はインポート画面からおこないます。

インポート

WordPressとは別のシステム（RSS・Tumblrなど）から記事をインポートできます。すでに使っている別のシステムからの移行ができます。

エクスポート

WordPressのコンテンツをファイル形式で書き出せます。別のWordPressサイトへデータを移したい時などに利用します。

表 ツールのその他のメニュー

メニュー名	説明
個人データのエクスポート	この画面では個人データのエクスポートができます。2018年5月25日に施行されたGDPR(EU一般データ保護規則)により、ユーザーから求められた際、サイト運営者は保存している個人データを提供する必要があるため実装されました。
個人データの消去	個人データの消去ができます。
サイトヘルス	サイトの健全度を知れます。サイト内のパフォーマンスやセキュリティに問題がある場合に、改善案が表示されます。項目に従って対処することでサイトの状態を最適に保てます。

設定

WordPressの基本情報を設定したり、パーマリンクの設定ができます。
パーマリンクの設定については、Chapter4で詳しく見ていきましょう。

一般

サイトタイトルやキャッチフレーズ、サイトURLといった、WordPressの基本情報を変更できます。

メールアドレスや、WordPress上での言語（日本語・英語など）も、この画面で設定します。

投稿設定

投稿カテゴリーの初期カテゴリーを変更したり、メールでの投稿設定ができます。

表示設定

フロントページを固定ページへ変更したり、1ページに表示する最大投稿数などを設定できます。

表 その他のメニュー

メニュー名	説明
プライバシーポリシーページ	プライバシーポリシーを明記している固定ページ（固定ページはp.120を参照）を選択できます。

> Check!
> WordPressをサーバーへインストールする際に設定した「検索エンジンによるサイトのインデックスを許可する」についても「表示設定」で設定を変更できます。

ディスカッション

コメントの設定ができます。
・読者からのコメントを許可する
・コメントを承認制にする
といった設定もこの画面からおこないます。

メディア

アップロードする画像のサイズを設定できます。

初期設定では、サムネイルサイズ、中サイズ、大サイズが設定されています。

記事やメディアライブラリから画像をアップロードすると、設定した3つのサイズの画像をWordPress内で使用できます。

パーマリンク設定

主にパーマリンクの表示形式を設定できます。

例えば「基本」だと、投稿IDがパーマリンクになります。URLはhttp://dressrobes.com/?p=123（投稿IDが123の場合）になります。

「投稿名」だと、記事のタイトルがパーマリンクになります。URLはhttp://dressrobes.com/sample-post/（記事タイトルが「sample-post」の場合）になります。

Webサイトの表示方法

管理画面でどんなことができるのか、大まかには理解できたでしょうか。

では、このChapter3の最後に、もう一度WordPressのトップページを表示する方法を確認しておきましょう。

管理画面からサイトを表示する

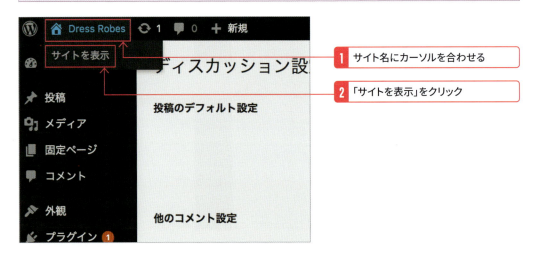

1 サイト名にカーソルを合わせる
2 「サイトを表示」をクリック

トップページが表示されたことを確認しましょう。

Chapter 4

WordPress の基本設定

WordPress のアップデートの方法や
パーマリンクの設定など、Web サイトを運営する上で
重要な基本設定をしましょう。

Lesson 1 　WordPress を最新バージョンへ更新する
Lesson 2 　検索エンジンでの表示設定
Lesson 3 　コメントの許可
Lesson 4 　パーマリンクの設定
Lesson 5 　ニックネームの設定

Lesson 1 WordPressを最新バージョンへ更新する

　WordPressが最初にリリースされたのは2003年と16年も前ですが、現在でも常に最新版へアップデート（更新）がされています。

　アップデートには、セキュリティの強化や、新機能の追加といったWordPressをより安全に、より使いやすくする内容が含まれています。

　WordPressを安心して使用するためにも**WordPressの最新バージョンが公開された場合は、できるだけ早めに更新するようにしましょう**[※1]。

※1 アップデート（更新）の前にはバックアップを行ないましょう。（p.272参照）

WordPressの更新を確認、インストールする

「ダッシュボード」―「更新」メニューの右に、赤い丸印で数字が表示されている場合、更新が必要な項目があります。

Check!
更新情報はWordPress本体だけではなく、プラグインやテーマの更新情報も含まれます。

「ダッシュボード」―「更新」画面に「WordPressの新しいバージョンがあります。」と表示されている場合は、WordPress本体の最新バージョンがあります。**「今すぐ更新」ボタンをクリックしてインストールしましょう。**

更新が完了すると、最新バージョンへ更新された旨のメッセージが表示されます。

検索エンジンでの表示設定

WordPressをWeb検索サービス（Google、Yahoo!Japanなど）の検索結果に表示させたくない場合は、検索エンジンにインデックスをさせないようにすることができます。

■ 検索エンジンにサイトをインデックスさせないようにする

1. メニュー「設定」―「表示設定」をクリック
2. 「検索エンジンでの表示」の「検索エンジンがサイトをインデックスしないようにする」をチェック
3. 「変更を保存」ボタンをクリック

Lesson 3 コメントの許可

コメントとは、ユーザーがブログの記事などに対してメッセージを残せる機能です。左図の赤枠部分がコメントになります。

初期の状態では「コメントを許可する」設定になっています。設定方法を見ていきましょう。

コメントを許可する

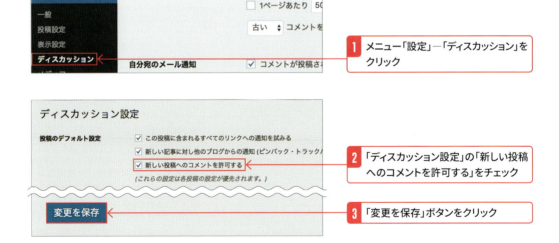

1 メニュー「設定」―「ディスカッション」をクリック

2 「ディスカッション設定」の「新しい投稿へのコメントを許可する」をチェック

3 「変更を保存」ボタンをクリック

コメントを許可しない

さきほどの「コメントを許可する」の 2 で、「ディスカッション設定」の「新しい投稿へのコメントを許可する」のチェックを外し、変更を保存しましょう。

個別の記事ごとにコメントの設定を変更する

各投稿記事の右下にある「ディスカッション」の「コメントの投稿を許可」でコメントの設定をします。この設定をおこなった場合、これまでにおこなったメニュー「設定」—「ディスカッション」のデフォルトの設定は無視して反映されます。

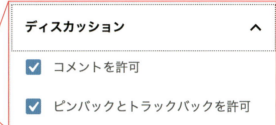

MEMO

ディスカッションが表示されない場合

ディスカッションの設定項目が表示されない場合は、画面右上の「メニューボタン」をクリックし表示されるメニューの「オプション」をクリックし、「ディスカッション」にチェックを入れてください。

Lesson 4 パーマリンクの設定

「パーマリンク※1」とは、簡単にいうと「サイト内のページごとの住所」のようなものです。ドメインはサイトの住所でしたが、さらにそのサイト内の各ページに割り当てたURLを「パーマリンク」と呼びます。パーマリンクがあることで、ユーザーはそのURLにアクセスして各ページを閲覧できます。

※1 パーマリンクは、恒久的・永久的という意味の「パーマネント（permanent）」と、「リンク（link）」を繋いだ造語です。

パーマリンクの種類

WordPressでのパーマリンクは、初期の状態では、日付と投稿名がドメインの後ろに並んでいる「日付と投稿名」ですが、それ以外にもさまざまな形式を選択できます。

http://dressrobes.com/**2019**/**09**/**12**/**sample_post**/

（日付が2019年9月12日で、投稿名がsample_postの場合）

表 WordPressで設定できるパーマリンクの種類※2

形式名	パーマリンク例
基本	http://dressrobes.com/**?p=123**
日付と投稿名	http://dressrobes.com/**2019**/**09**/**12**/**sample-post**/
月と投稿名	http://dressrobes.com/**2019**/**09**/**sample-post**/
数字ベース	http://dressrobes.com/**archives**/**123**
投稿名	http://dressrobes.com/**sample-post**/

※2 「カスタム構造」という形式もありますが、日付やカテゴリー、投稿名などの構造タグを理解していなければ扱えません。本書では、タグの操作は可能な限り省いているので、説明を省略します。

パーマリンクの頻繁な変更は避ける

パーマリンクはいつでも変更できます。しかし、むやみやたらに変更してしまうと、変更後のURLを入力してもページが表示されなくなってしまうことがあります（対処法はp.74へ）。また、URLが変わってしまうと、閲覧者がそのページをお気に入りに登録していた場合アクセスできなくなってしまいます。
パーマリンクはサイト運営をはじめる初期の段階で決め、その後は頻繁に変更することは避けてください。

■ パーマリンクを変更してみる（投稿名）

それでは、パーマリンクの形式を変更してみましょう。ここでは「投稿名」を指定してみます。

■ パーマリンクを変更して「Not Found」と表示された時の対処法

パーマリンクの設定を変更すると、下図のように、ページが「Not Found」と表示され、記事が表示されないことがあります。

Not Found

The requested URL /wordpress was not found on this server.

このNot Foundのページを「404ページ」と呼びます[※3]。

この404ページが表示されてしまう理由は、WordPress内部で本来書き換えが必要なURLが正常に書き換えられないことで、WordPressがページを見つけられなくなってしまうためです。

※3
「404」は、リクエストしているページをWebサーバーが見つけられなかった時に返される数値「404」に由来します。

● 解決策

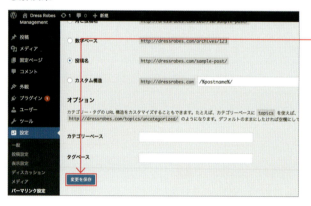

1 再度「パーマリンク設定」画面を開き、パーマリンクの形式はそのままで「変更を保存」ボタンをクリック

Check!
この操作をすることで、WordPressがURLの書き換えに必要な設定をおこなってくれます。

上記で解決しない場合

上記の操作をしても404ページが表示されたままであれば、少し複雑な修正が必要になります。

本書では説明は省略しますが、「wordpress パーマリンク 404 htaccess」というキーワードで調べてみてください。

Lesson 5 ニックネームの設定

WordPressにログインすると、画面上のツールバーの右端（下図の赤枠部分）に「こんにちは、○○さん」とユーザー名が表示されていることに気付いていますか？

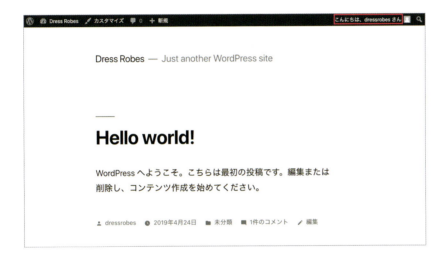

表示されているユーザー名は、WordPressのインストール時に設定したユーザー名です。

ログインIDとして使用しているユーザー名をサイトに表示しておくのは、セキュリティ上問題があります[※1]。ユーザー名ではなくニックネームが表示されるように変更しましょう。

※1 管理画面を表示している間だけですが、ログインIDが常に表示されていると、不正なログインを招くおそれがあります。

ユーザー名をニックネームに変更する

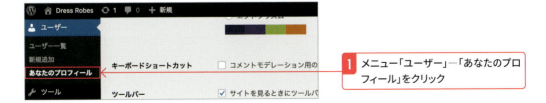

1 メニュー「ユーザー」－「あなたのプロフィール」をクリック

これで、ツールバー上の表示名が変更されました。

加えて、ブログ上の表示名も変更されています。ブログ記事の投稿者がどのような人物なのかわかりやすくなりました。

Chapter 5

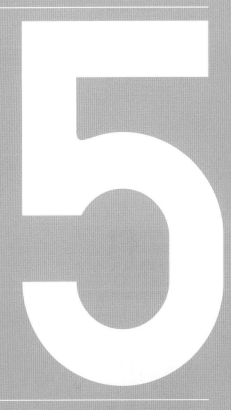

テーマをインストールする

本書のオリジナルテーマをインストールします。
テーマをインストールすることで、
簡単な操作でWebサイトを構築できます。

Lesson 1　WordPressのテーマについて
Lesson 2　テーマのインストール
Lesson 3　Welcartプラグインをインストールする
Lesson 4　オリジナルテーマが反映されていることを確認する

Lesson 1 WordPressのテーマについて

「テーマ」はWordPressのレイアウトやデザインを簡単に変更できる機能です[※1]。**テーマ機能を利用することで、HTMLやCSSを使わなくても、ほんのわずかなステップだけでサイトのデザインを全く違うものに変更できます。**

ここでは、WordPressの初期のテーマから、本書オリジナルのテーマにデザインを変更して、テーマの利用方法について見ていきましょう。

※1
WordPressのテーマは大多数が英語対応なので、サイトの文字に日本語を使うとフォントが合わず、デザインが若干崩れてしまうことがあります。ですが、本書のオリジナルテーマは日本語対応ですし、日本語対応のテーマも探せば多数あるので活用してください。

図 本書オリジナルテーマ

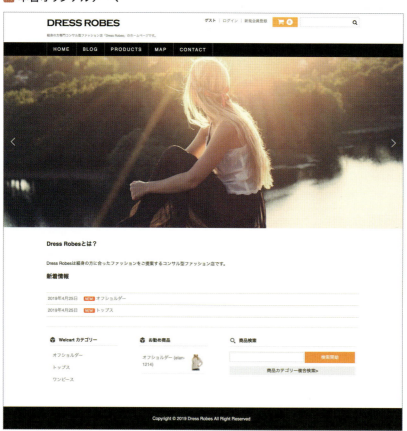

Lesson 2 テーマのインストール

■ テーマをダウンロードする

本書のサポートページからオリジナルテーマをパソコンへダウンロードしましょう。

URL https://isbn2.sbcr.jp/02987/

上記URLから「ダウンロード」をクリックすると、ページ下へ移動します。ページ下に表示されている「【ダウンロード】本当によくわかるWordPressの教科書」をクリックすると、ダウンロードページに移動します。「1．オリジナルテーマのダウンロード」に表示されている「複数ページ型サイトテーマ.zip」をクリックすると、テーマのzipファイルがダウンロードされます。

■ 管理画面からオリジナルテーマをインストールする

テーマファイルのダウンロードができたら、WordPressの管理画面へログインしましょう。

1 メニュー「外観」―「テーマ」をクリック
2 「新規追加」ボタンをクリック

以上で本書のオリジナルテーマはインストールできましたが、下図の赤枠のメッセージを見てください。

オリジナルテーマには、ショッピングカート機能[※1]が付属しています。そのショッピングカート機能は「Welcart（ウェルカート）」という「プラグイン」を利用することで追加しています。

プラグインの詳細についてはChapter8で説明しますが、ここでは本書のテーマに必要なWelcartプラグインも同時にインストールしておきましょう。**インストールしないと、ページが正しく表示されないので必ずおこなってください。**

※1
ショッピングカート機能とは、Webでショッピングをする時に利用する「カート」機能のことです。カートに商品を入れ、配送・支払方法を設定し、購入する。プラグイン「Welcart」を利用することで、この一連の流れをユーザーに提供できます。

Lesson 3

Welcartプラグインを
インストールする

7 インストール完了後に表示される「有効化」ボタンをクリック

Welcartプラグインを有効化すると、プラグイン一覧画面が表示されます。

下図のように、追加した「Welcart e-Commerce」が有効化されていればOKです。

Check!
有効化されていると、プラグインのタイトル下に「停止」と表示されます。逆に無効になっていると「有効化」と表示されます。

加えて、管理画面左メニューに下記のメニューが追加されます。

・Welcart Shop
・Welcart Management

Lesson 4 オリジナルテーマが反映されていることを確認する

オリジナルテーマとWelcartプラグインのインストールが完了しました。WordPressにテーマが反映されているか確認しましょう。

上図の画面が表示されていれば、正しくオリジナルテーマが反映されています。
以上で、テーマのインストールは完了です！

テーマとプラグインの違い

　Chapter5ではテーマとプラグインをWordPressにインストールしました。
　WordPressのテーマには、レイアウトやデザインをまったく違うものに変更できるという特徴に加えて、テーマごとに機能も変更できるという特徴があります。つまり、テーマが変わればデザインが変わるだけではなく、機能も変更できるのです。
　テーマに機能が追加できるのに、なぜわざわざプラグインを導入する必要があるのかと思われる方もいるかもしれません。それは、テーマの機能はテーマの中でしか使用できませんが、プラグインはWordPressに直接機能を追加できるため、テーマが変わってもプラグインで追加した機能は引き続き利用できるという利点があるためです。
　Welcartもプラグインで提供されていますので、どのようなテーマであってもショッピング機能を導入できるのがWelcartの良さでもあります。

Chapter 6

Webサイトの全体像をつくる

Webサイトの基盤となるデザインや
内容を作成していきましょう。操作は簡単ですので、
焦らず色々と試してみてください。

Lesson 1　ロゴの設定
Lesson 2　キャッチフレーズの設定
Lesson 3　ヘッダーについて
Lesson 4　Webサイトのキー色の設定
Lesson 5　ヘッダー画像の設定
Lesson 6　コピーライトの設定
Lesson 7　1ページ型サイトのメリットとデメリット

Lesson 1 ロゴの設定

ロゴとは

ロゴとは、企業のブランドや商品、サイトなどを印象付けるために特別にデザインされるものです。ロゴを使用することで、ユーザーに対して、その企業や商品、サイトを強く印象付けられます。

図 スポーツシューズブランドのナイキのロゴ

©iStock.com/code6d

URL https://www.apple.com/jp/

　上の図はApple社のホームページです。画面上部のメニューにリンゴを模したシンボルマークがあります。また、製品のiPhoneにも背面にロゴが埋め込まれています。
　Apple社は「Apple」という文字列を使用することなく、シンボルマークだけで、そのブランドをシンプルかつ強烈に印象付けることに成功しています。消費者は、Apple社のロゴを見ただけで、それがApple社が製造した製品であることを理解できます[※1]。

※1
ロゴは時代と共に変化もします。例えばここに挙げているApple社の最初のロゴマークは、シンプルなリンゴのみのデザインではなく、ニュートンがリンゴの木の下に座って本を読んでいるイラストでした。Apple社だけでなく、長い歴史を持つ企業のほとんどは、ロゴを時代に合ったデザインに変化させます。サイトにおいても、数年でロゴを変更するのはおすすめしませんが、時代に沿ったデザインかどうか心がけましょう。

サイトにおいてもロゴを使用することで、訪問したユーザーに対して企業や商品などを特徴的なものとして印象付けることができるのです。

ロゴ作成のコツ

ロゴ作成時には、企業や商品を通して消費者やWebサイトへ訪問したユーザーに何を伝えたいのか、ロゴを見てどう感じて欲しいのかといった**コンセプトを考える**ところからはじめましょう。ロゴに企業理念や商品開発への情熱、ストーリーを加えることで、ユーザーが企業や商品に対して感じる印象が大きく変わります。

また、ロゴは**シンプルで見やすいデザイン**にしましょう。サイトだけでなく、アプリや雑誌・白黒の新聞などにも掲載されることを想定します。ごちゃごちゃして見づらいデザインでは、せっかくのロゴも台無しになってしまいます。

個人や個人事業主の方であれば、自分でデザインをするより**多少の費用は必要になってもプロに依頼して見栄えの良いロゴを用意するのがおすすめです**[※2]。

※2
プロにロゴ作成を依頼すると10万円以上かかってしまいますが、安価でロゴの作成を受注しているオンラインサービスもあります。大手の「クラウドワークス」だと1～5万円で依頼できます。

ロゴを設定する

ロゴを作成したら、自分のサイトに適用しましょう。WordPressの管理画面にログインし、以下の操作をおこないます。

1 メニュー「外観」─「カスタマイズ」をクリックし、テーマのカスタマイズ画面を表示する

2 「サイト基本情報」をクリック

8 「メディアライブラリ」に遷移する

9 「選択」ボタンをクリック

10 「画像切り抜き」画面が表示される

11 (画像の切り抜きが必要ない場合)「切り抜かない」ボタンをクリック

Check!

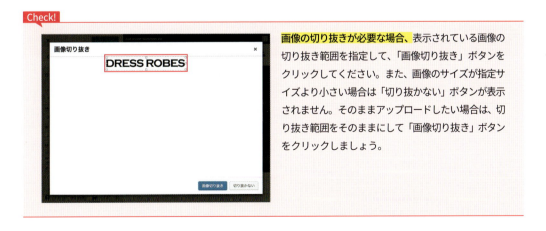

画像の切り抜きが必要な場合、表示されている画像の切り抜き範囲を指定して、「画像切り抜き」ボタンをクリックしてください。また、画像のサイズが指定サイズより小さい場合は「切り抜かない」ボタンが表示されません。そのままアップロードしたい場合は、切り抜き範囲をそのままにして「画像切り抜き」ボタンをクリックしましょう。

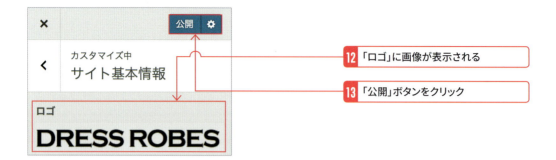

12 「ロゴ」に画像が表示される

13 「公開」ボタンをクリック

サイトを表示し、ロゴがサイトに反映されていることを確認しましょう。

ロゴの3つの種類

ロゴには大きく分けて3つの種類があります。

1. ロゴタイプ

ロゴタイプは企業名やサービス名をデザインした文字のことです。SONYやYahoo！JAPANのロゴはロゴタイプを採用しています。

2. シンボルマーク

シンボルマークは企業やサービスの象徴をマークで表現したものです。例に挙げたAppleやNIKEといったブランドはシンボルマークで自社を表現しています。

3. ロゴマーク（ロゴタイプ＋シンボルマーク）

ロゴとシンボルマークを組み合わせてデザインされたものです。TOYOTAやadidasなどの企業ではロゴマークを採用しています。

3つ目のロゴマークという言葉は和製英語で、海外ではどれも「ロゴ」という言葉だけで表現されているようです。

Lesson 2 キャッチフレーズの設定

　サイトのキャッチフレーズを決めましょう。キャッチフレーズがあることで、読者に「どんな企業のホームページなのか」「どういった専門性のあるブログなのか」といったサイトの概要を簡潔に伝えられます。

Lesson 3 ヘッダーについて

本書のオリジナルテーマのヘッダーには「サイト名（ロゴ）」と「キャッチフレーズ」の他に、次の4つの機能があります。

どのような機能があるか把握しておきましょう。

1. ショッピング機能利用時のログイン機能

ショッピング機能利用時にログインして購入を進められます。

2. ショッピング機能利用時の新規会員登録機能

ユーザーが会員未登録時に新規会員登録をおこなう機能です。

3. ショッピングカートボタン

商品詳細画面[※1]でカートに追加した商品の購入手続きをおこなうことができます。

※1
1つの商品について、値段やサイズ、具体的な内容などの詳細な情報が記載されているページです。

4. 検索機能

検索フォームから商品を一括して検索できます。

Chapter7でも説明しますが、検索機能はウィジェットという機能を利用して導入することもできます。

上記4つのヘッダーの表示を消すことも可能です。ショッピングカート機能を持たないシンプルなサイトをつくりたい場合などに活用してください。

1 メニュー「外観」―「カスタマイズ」をクリック

2 「Welcartヘッダーメニュー」をクリック

3 「Welcartヘッダーメニューを表示しない」にチェックを入れ「公開」ボタンをクリック

Lesson 4　Webサイトのキー色の設定

■ サイトのキー色について

==サイトのキー色（基調色）は、企業やお店、扱っている商品をベースに決めます。==たとえば商品パッケージと180度異なる色合いのサイトと、商品パッケージと似た色合いのサイトを見た時に、ユーザーが安心感や信頼感を感じるのは後者です。

また、すでにロゴが決まっている場合は、そのロゴの色に合わせてキー色も決めると良いでしょう。

本書のオリジナルテーマでは、**ヘッダーナビゲーションやフッターの色**を変更できます。

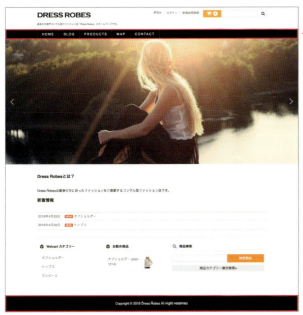

← ヘッダーナビゲーション

↑ フッター

> **Check!**
>
> サイドバーのウィジェットの色は、ヘッダーナビゲーションと同じ色が自動的に適用されるようになっています。

■ サイトのヘッダーナビゲーション色を変更する

1 メニュー「外観」―「カスタマイズ」をクリック

2 テーマのカスタマイズ画面が表示される

3 「色」をクリック

4 「ヘッダーナビゲーション色」の下の「色を選択」をクリック

　サイトのトップページから、ヘッダーナビゲーションの色が選択した色に変更されていることを確認しましょう。

■ サイトのフッター色を変更する

ここでは、フッター色を設定すると同時に、他のキー色と同じ色を設定するにはどうすればいいかを見ていきましょう。今回は、ヘッダーナビゲーション色と同じ色を設定します。

1 「ヘッダーナビゲーション色」の下の「色を選択」をクリック

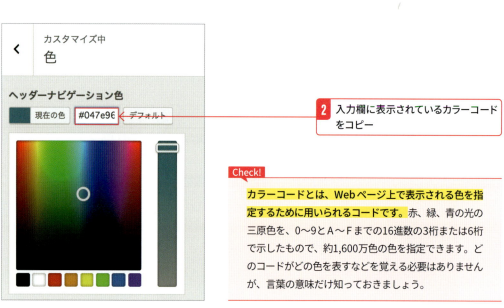

2 入力欄に表示されているカラーコードをコピー

Check!

カラーコードとは、Webページ上で表示される色を指定するために用いられるコードです。赤、緑、青の光の三原色を、0〜9とA〜Fまでの16進数の3桁または6桁で示したもので、約1,600万色の色を指定できます。どのコードがどの色を表すなどを覚える必要はありませんが、言葉の意味だけ知っておきましょう。

3 「フッター色」の下の「色を選択」をクリック

4 カラーピッカーが表示される

5 カラーコード入力欄を一旦クリアして、ペースト

❻ 「公開」ボタンをクリック

　サイトのトップページから、フッターの色が選択した色（ヘッダーナビゲーションと同じ色）に変更されていることを確認しましょう。

マウスオーバーや選択時の色の設定

　ヘッダーナビゲーションのメニュー色は、メニューボタン選択時（左上図・ヘッダーナビゲーション選択時）や、マウスを乗せた時（マウスオーバー時）（右上図・ヘッダーナビゲーションホバー色）にも色が変わります。

　それらの色もメニュー「カスタマイズ」─「色」から同じように変更できます。

　キー色から近い色で選ぶのがおすすめです。

Lesson 5 ヘッダー画像の設定

　ヘッダー画像は、ロゴやキー色と同じように、企業やお店のイメージに合ったものを選びましょう。==ユーザーがサイトにアクセスした時に最も目にとまりやすいのがヘッダー画像です。ヘッダー画像を見ただけで、すぐに企業の特徴や業務内容、お店の雰囲気などが伝わる画像を設定しましょう==[※1]。

　それでは、ヘッダー画像を変更しましょう。本書のオリジナルテーマではヘッダー画像のサイズは**横1000px×縦400pxを推奨**しています。画像は設定時に切り抜くこともできますが、画像全体をヘッダーとして使用したい場合は上記のサイズで画像を作成しておいてください。

※1 自分でヘッダー画像を作成できない場合は、プロに依頼する他に、無料配布の画像を利用する方法もあります。Pixabayなどの、著作権のない画像を配布しているサイトで画像をダウンロードすれば手軽にヘッダー画像を作成できます。

1 メニュー「外観」─「カスタマイズ」をクリック

2 テーマのカスタマイズ画面が表示される

3 「ヘッダー画像」をクリック

9 「メディアライブラリ」が表示される

10 「選択して切り抜く」ボタンをクリック

11 「画像切り抜き」画面が表示される

12 画像の切り抜きサイズを調整して、「画像切り抜き」ボタンをクリック

Check!

画像の切り抜きが必要な場合、表示されている画像の切り抜き範囲を指定して、「画像切り抜き」ボタンをクリックしてください。そのままアップロードしたい場合は、切り抜き範囲をそのままにして「画像切り抜き」ボタンをクリックしましょう。

サイトのトップページから、ヘッダー画像が変更されていることを確認しましょう。

Lesson 6 コピーライトの設定

　コピーライトとは、一般にWebサイトのフッター部分に表示されている著作権を示す記述です。

　コピーライトは必ず記述しなければならないものではなく、記述しなくてもWebサイトの著作権を放棄したことにはなりません[※1]。しかし、訪問者に対して適切にコピーライトを示すことで、著作権者であることを主張することができます。また、Webページの慣習でもあります。記述しない理由がない限りは、明記しましょう。

※1 日本が加盟している「ベルヌ条約」の無方式主義に基づいています。いずれの手続きも要さず、著作物が完成した時点で著作権が発生するという考えです。

1 メニュー「Welcart Shop」―「基本設定」をクリック

2 「ショップ設定」にある「コピーライト」入力欄に「Copyright © 2019（年）○○（サイト名）All Rights Reserved.」と入力

サイトのトップページから、コピーライトが設定されていることを確認しましょう。

=== MEMO ===

コピーライトの書き方

本書ではコピーライトは、次のように表記しました。

　　Copyright © 2019 Dress Robes All Rights Reserved.

ですが、この記述には不要な部分もあります。著作権の表記は次の3つの項目だけでも問題ありません。

1. コピーライトを示すマーク(©)
2. 発行年号（更新年号は不要）
3. 著作権者

本書のコピーライトでは以下の表記だけでも良いということです。

　　© 2019 Dress Robes

実際にこれだけを表示しているサイトも多くあります。ごちゃごちゃした印象がなく、シンプルで見やすい表記になります。

Lesson 7 1ページ型サイトのメリットとデメリット

本書では、下図の1ページ型サイトのオリジナルテーマも用意しています。

1ページ型サイトとは、すべてのコンテンツをトップページの1ページのみに配置したサイトのことです[※1]。ここでは、1ページ型サイトのメリットやデメリット、本書オリジナルテーマの設定について説明していきます。

[※1] 本書のテーマでは、ショッピング機能のある商品一覧ページについてはこのページ内ではなく別ページが開く形式になっています。

図 複数ページ型のサイト

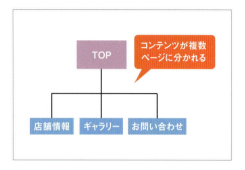

図 1ページ型のサイト

1ページ型サイトのメリット

1ページにコンテンツが揃っているので、ページ内リンク[※2]やスクロールのみで、すべてのコンテンツへアクセスすることができます。**そのため、スマートフォンやタブレットでもスクロールするだけですべてのページが見られるので、モバイル端末が普及した現在では非常に利便性の高いページデザインです。**

1ページでコンテンツが構成されているため、通信環境が良くない状況でもユーザーは複数のページの読み込みにイライラすることなく、サイト全体の内容を把握できます。

[※2] ページ内リンクとは、現在表示しているページの中で指定した箇所に飛ぶリンクです。

1ページ型サイトのデメリット

1ページ型サイトの特徴として、一般的なサイトよりもページ内の動作を豪華に見せる演出（パララックス効果というものなどが代表的です）が用いられることが多く、本書のオリジナルテーマも同様です。効果の実装にはプログラムへの理解が必要になるので、初心者の方にとっては、そのような1ページ型サイトを一から作成したり挙動の修正をすることは敷居が高いでしょう。

初心者でもWordPressのテーマを使用すればあつかえる

さきほど述べたような効果を実装した1ページ型のテーマは、多少、管理画面の操作がわかりにくかったり、慣れるまでが大変という点はあります。しかし、基本的な挙動についてはテーマ側で実装がされているので、コンテンツのみを作成するだけでサイトを公開できます。

本書での1ページ型のオリジナルテーマでも、コンテンツを作成するだけで公開できるようになっています。 1ページ型サイトに興味のある方は、ぜひ活用してみてください。

1ページ型サイトテーマのダウンロード

1ページ型サイトは以下のURLからダウンロードできます。

URL https://isbn2.sbcr.jp/02987/

上記URLのページ下にある「【ダウンロード】本当によくわかるWordPressの教科書」リンクをクリックすると表示されるページのリンク「1ページ型サイト.zip」をクリックすると、テーマのzipファイルがダウンロードされます。テーマを使用する時はp.79「テーマのインストール」と同じ方法でインストールしましょう。

1ページ型サイトへの設定

本書の1ページ型サイトのテーマは、インストールしたままでは1ページ型サイトとして利用できません。以下の手順にしたがって設定をしていきましょう。

ページ型サイトとして設定する

1 メニュー「固定ページ」―「新規追加」をクリック

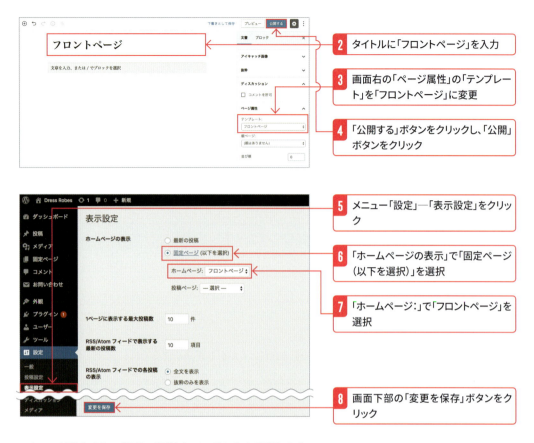

1ページ型サイトの表示に変更されていることを確認します。

Heroの設定

　Heroとは本書のオリジナルテーマの土台となっているテーマ「OnePress」の固有の名称です。サイトのヘッダーで複数の画像を自動で差し替えて見せる「ヘッダースライダー」と考えてください。

1 メニュー「外観」─「カスタマイズ」をクリック

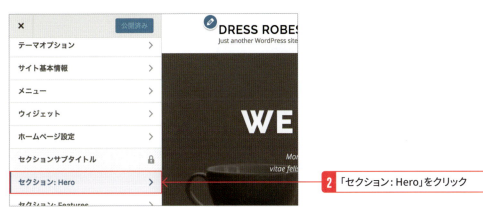

2 「セクション: Hero」をクリック

3 「Heroの背景メディア」をクリック

4 「項目」をクリック

5 「変更」ボタンをクリックし、背景に使用する画像を指定して変更

Check!

画像をアップロードする方法は、p.126を参照してください。

6 画像が変更されていることを確認し、「公開」ボタンをクリック

Aboutの設定

Aboutにはサイトの概要を書いたページを設定しましょう。カスタマイズ画面に戻り、「セクション：About」で設定します。

Video Litebox の設定

　Video Litebox は、動画共有サイト「Youtube」「Vimeo」にある動画 URL を指定すると、配置した場所に動画が設置できます。自分のサイトの宣伝動画を「Youtube」「Vimeo」にアップロードし、このサイトでも気軽に観られるようにしたい場合に設置すると良いでしょう。

1. 「セクション: Video Lightbox」をクリック
2. 「セクションの設定」をクリック
3. 「動画 URL」に Youtube または Vimeo の URL を入力
4. 「背景画像」の「ファイルを選択」ボタンをクリックし、画像を設定

Galleryの設定

ギャラリーの設定をおこないます。

4 「メディアライブラリ」をクリック

Check!
メディアライブラリに画像をアップロードしていない場合は、「アップロード」ボタンをクリックして、ギャラリーに使用する画像をアップロードしてください。

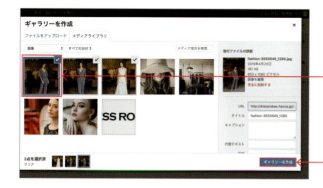

5 ギャラリーに追加したい画像を選択

6 「ギャラリーを作成」ボタンをクリック

7 「ギャラリーを挿入」ボタンをクリック

8 固定ページ作成画面にギャラリーが作成されたことを確認

9 「公開する」ボタンをクリック

10 「公開」ボタンをクリックして、ギャラリーページを作成

11 「セクション: Gallery」をクリック

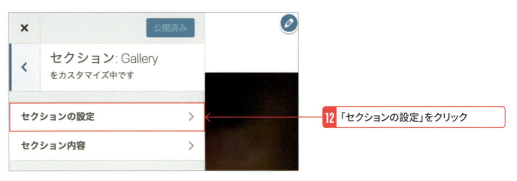

12 「セクションの設定」をクリック

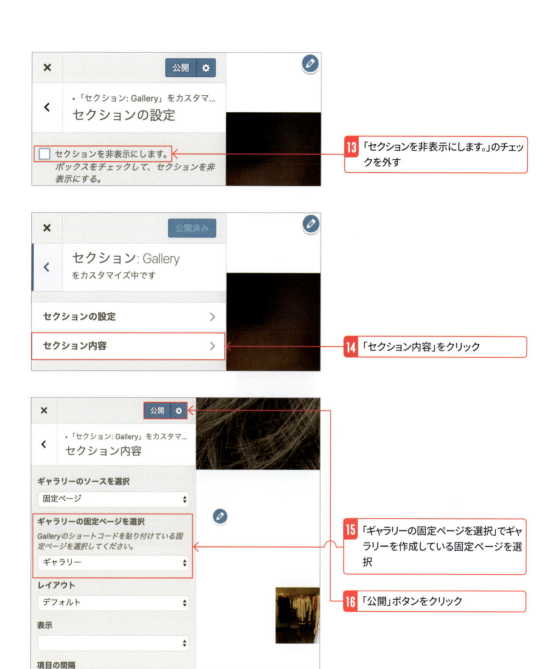

■Contactの設定

「Contact」とは、お問い合わせフォームのことです。p.182で作成するフォームを設定する必要があるので、作成後におこなってください。

1 「セクション：Contact」をクリック

2 「セクション内容」をクリック

3 「Contact Form7 ショートコード」にコンタクトフォームのショートコードを入力

4 「公開」ボタンをクリック

> Check!
>
> 「Contact Form7」とは、お問い合わせフォームを簡単に作成できるプラグインです。プラグインの使用方法やお問い合わせフォームの作成方法、ショートコードについては、Chapter8のp.182で説明します。

以上で本書の1ページ型サイトの大まかな設定は終わりです。さらに細かくカスタマイズしたい場合や疑問点が生じた場合は、本テーマの土台となったテーマ「OnePress」の公式マニュアルを参照してください。

URL https://docs.famethemes.com/article/43-onepress-documentation

Chapter 7

Webサイトのコンテンツの作成

いよいよWebサイトの中身を作成していきます。
操作はごく簡単なものなので、
手順通りに操作して焦らず作成していきましょう。

Lesson 1　WordPressのページ構成
Lesson 2　どんなページをつくるのか決める
Lesson 3　文章を投稿する
Lesson 4　ページの作成、更新時は必ずプレビューで確認する
Lesson 5　投稿に画像を追加する
Lesson 6　文字の装飾とリンクの挿入
Lesson 7　投稿の編集と削除
Lesson 8　アイキャッチ画像を設定する
Lesson 9　カテゴリーの作成
Lesson 10　固定ページの作成
Lesson 11　トップページとブログページを固定ページに変更する
Lesson 12　ナビゲーションメニューの作成
Lesson 13　ウィジェットの設定

Lesson 1 WordPressのページ構成

WordPressでは主に「投稿」と「固定ページ」の2種類のページを作成できます[※1]。**「投稿」では、「新着情報」や「日記」など頻繁に更新するページ**を作成できます。**「固定ページ」は「会社案内」や「アクセスマップ」といった、それほど頻繁に更新をしないページ**を作成する時に利用します。

また、**「投稿」は時系列の一覧で整理される**という特徴がありますが、**固定ページはナビゲーションメニューなどを通してページへアクセスしてもらう必要があります。**「投稿」と「固定ページ」を上手く使い分けてサイトを構築していきましょう。

※1
「投稿」と「固定ページ」の他に「カスタム投稿タイプ」という「投稿」とほぼ同じ機能を持ったページを自分で追加することもできます。通常の「投稿」とは独立したコンテンツを時系列で管理したい時に便利です。

図 「投稿」で作成するページ

図 「固定ページ」で作成するページ

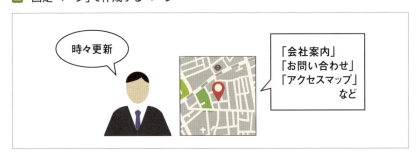

Lesson 2 どんなページをつくるのか決める

これから、実際にサイト内で使用するコンテンツを作成していきます。

しかし、いきなりコンテンツを作成してしまうと、後から修正する時に思わぬ手間がかかってしまうことがよくあります。コンテンツを作成する前に、==まずはサイトにどんなページやコンテンツが必要なのか書き出してみましょう==[※1]。

※1 たとえば、企業であれば「業務内容」や「会社案内」「アクセスマップ」、個人事業主やフリーランスの方であれば、「自己紹介」や「ポートフォリオ」といったページを考えてみましょう。

「投稿」と「固定ページ」を振り分ける

必要なページをすべて書き出したら、それぞれのページを「投稿」で作成するのか、「固定ページ」で作成するのか考えてみましょう。

==『頻繁に更新する「お知らせ」や「ブログ」であれば「投稿」で、その他のページは「固定ページ」で作成する』==というように考えると良いでしょう。

サイトマップを作成する

サイトマップとは、簡単にいうと「サイト構成図」のことです。サイトマップを作成することで、どんなページをどのように配置するのかといった、頭の中で漠然と思い描いているイメージを明確にできます。また、構成の欠陥などもこの時点で把握することができます。

本書のオリジナルテーマでは、下図の構造のサイトを作成します。

図 本書オリジナルテーマのサイトマップ

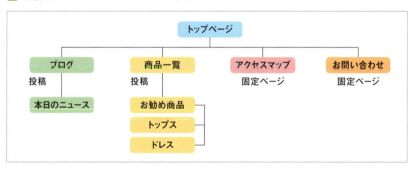

文章を投稿する

まずは、コンテンツの基本となる記事を作成してみましょう。

どんなサイトもコンテンツがなければはじまりません。投稿から記事を作成する方法を紹介します。

WordPress の管理画面へログインして作成していきます。

4 パーマリンクをローマ字に変更

Check!

この操作は、p.72「パーマリンクの設定」でパーマリンクを投稿名を含めた設定にした場合におこないます。どうしてもローマ字ではなく日本語が良いという場合は変更不要です。しかし、日本語のURLはブラウザでは長い文字列に変換されて表示されます。どういった内容の記事なのかわかりづらくなる可能性があることは念頭に置いておきましょう。

サイドバーに「パーマリンク」メニューが表示されない場合

パーマリンクメニューが表示されない場合は、「下書きとして保存」ボタンをクリックして一度投稿を保存しましょう。

5 「公開する」ボタンをクリック

Check!

まだ公開せずに保存だけしておきたいという場合は、「下書きとして保存」ボタンをクリックしてください。記事の下書き保存ができます。また、公開前にページの表示を確認できる「プレビュー」ボタンもあります。プレビューについては、Lesson4を参照してください。

　投稿内容の通りに公開されていることを確認しましょう。公開すると作成した投稿の保存もおこなわれます。

Lesson 4 ページの作成、更新時は必ずプレビューで確認する

投稿や固定ページを作成、更新した場合は、その都度更新内容が反映されていることをプレビューで確認するようにしましょう[※1]。確認せずにそのまま更新してしまうと、意図せぬ間違いや思い違いによる誤りが発生する可能性があります。

※1
「作成、更新→確認」という流れが、ページを更新する流れであることを意識しましょう。

投稿や固定ページの更新時の確認方法

「投稿」「固定ページ」の作成か編集ページで、ページを作成して、「プレビュー」や「変更をプレビュー」ボタンで表示を確認しましょう。

1 「プレビュー」ボタンをクリック

プレビューから管理画面に戻る

プレビュー画面で確認したら、管理画面に戻りましょう。

1 管理バーのサイト名にカーソルを合わせる

2 開いたメニューから「ダッシュボード」をクリック

Check!
プレビューだけでなく、管理者として自分のWordPressサイトを見ている場合（画面上部に管理バーが表示されている場合）いつでもこの方法で管理画面に移動できます。

投稿に画像を追加する

LESSON3「文章を投稿する」で公開した投稿に画像を追加してみましょう。画像を使用することで、情報をわかりやすく伝えることができます。

更新にしばらく時間がかかることがあります。更新されたら、「投稿を表示」をクリックして挿入した画像が表示されていることを確認しましょう。

MEMO

ブロックの移動と画像の大きさの変更

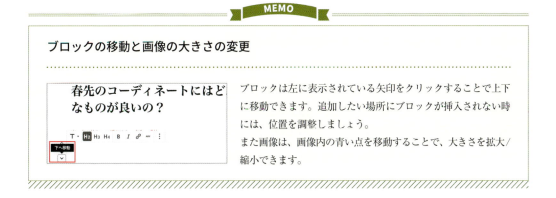

ブロックは左に表示されている矢印をクリックすることで上下に移動できます。追加したい場所にブロックが挿入されない時には、位置を調整しましょう。
また画像は、画像内の青い点を移動することで、大きさを拡大/縮小できます。

Lesson 6 文字の装飾とリンクの挿入

　投稿や固定ページの編集画面では、文字を装飾したり、リンクを貼ることなどができます。文字を装飾することで記事に強弱がつき、読みやすくなります。また、リンクを設定することで、同じサイト内の別の記事やページを読んでもらえます。
　<mark>読みやすい記事にすることは、記事を最後まで読んでもらうことにもつながります。</mark>また、<mark>サイト内でより多くの記事を読んでもらうことは、検索エンジンからの評価向上にもつながります。</mark>積極的に活用していきましょう。

文字を太字にする

　Lesson5の画像追加と同じように、メニュー「投稿」―「投稿一覧」から、編集する記事を選択しておこないます。

1 太字にしたい文字を選択
2 「B」ボタンをクリック

Check!
太字を解除したい場合は、もう一度「B」ボタンをクリックしましょう。

　文字が太字になっていることを確認しましょう。

段落ブロックの文字色を変更する

1 文字色を変更したいブロックをクリック

2 サイドバーから「色設定」をクリック

3 「文字色」から変更したい色をクリック

> **Check!**
> ブロック全体ではなく一部の文字色を変更したい時には、「Advanced Rich Text Tools for Gutenberg」プラグインを使用しましょう。プラグインの導入方法はChapter7を参考にしてください。

文字色が変更されていることを確認しましょう。

■ 文字にリンクを設定する

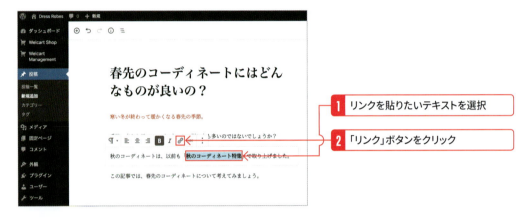

　文字にリンクが設定され、クリックしてリンク先が表示されていることを確認しましょう。

見出しを作成する

1 「+（ブロックを追加）」ボタンをクリック

2 「見出し」をクリック

3 見出しブロックが追加される

4 見出しを入力

見出しが追加されていることを確認しましょう。

　実際のページを表示してみてください。上図のように文字の装飾がついていれば、正しく設定されています。

Lesson 7 投稿の編集と削除

作成、公開した投稿を修正したい場合が生じることがあります。一度作成した投稿を編集、削除する方法を説明します。

投稿の編集

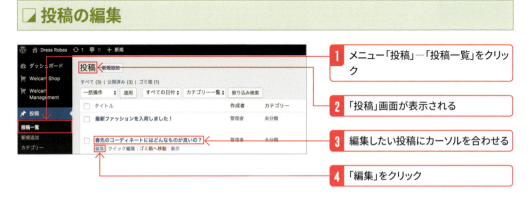

1. メニュー「投稿」―「投稿一覧」をクリック
2. 「投稿」画面が表示される
3. 編集したい投稿にカーソルを合わせる
4. 「編集」をクリック

5. タイトルや内容を変更
6. 「更新」ボタンをクリック

投稿のページを確認して、編集内容が反映されていることを確認しましょう。

📄 投稿の削除

「ゴミ箱」をクリックして表示される一覧に、さきほど削除した投稿が表示されています。

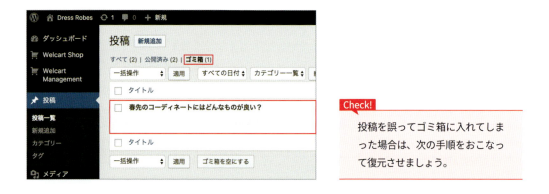

Check!
投稿を誤ってゴミ箱に入れてしまった場合は、次の手順をおこなって復元させましょう。

📄 ゴミ箱から復元する

復元すると、ゴミ箱の一覧から消えて、「すべて」をクリックして表示される一覧に復元した投稿が表示されます。

> **MEMO**
>
> ### 投稿の一括編集と削除
>
> 投稿を一括で編集、削除したい時には、投稿一覧画面の「一括操作」を利用します。
>
> 各投稿の左にあるチェックボックスにチェックを入れ、「一括操作」メニューから「編集」または「ゴミ箱へ移動」を選択して「適用」をクリックします。
>
> 投稿だけでなく、固定ページやプラグインなども同じ手順でおこないます。

アイキャッチ画像を設定する

Lesson 8

アイキャッチ画像とは

　アイキャッチ画像とは、ブログの記事内や記事の一覧に表示されるサムネイル画像のことをいいます。左図の赤枠部分の画像が例です。

　アイキャッチ画像を設定することによって==記事を目立たせられるので、読者に「記事を読みたい」と感じてもらうきっかけとなります。==

　アイキャッチには、==記事の内容をイメージでき、なおかつ目を引く画像を選ぶ==と良いでしょう。

　オリジナルテーマでは、設定したアイキャッチはカテゴリーアーカイブや月別アーカイブに表示されます。

アイキャッチ画像を設定する

1 「投稿の新規作成」または「編集」画面を表示する

2 サイドバーの「アイキャッチ画像」をクリックして表示される「アイキャッチ画像を設定」をクリック

投稿の更新が完了したら、サイトのトップページ左下メニューにある「アーカイブ」のリンクをクリックします。

> **Check!**
>
>
>
> トップページ下部にメニュー（ウィジェット）が表示されていない場合には、「カスタマイズ」から「初期ウィジェットの非表示」のチェックを外してください。

更新した投稿にアイキャッチ画像が表示されていることを確認しましょう。

Lesson 9 カテゴリーの作成

カテゴリーは、記事をわかりやすく分類するのに役立ちます。

たとえば、「ラーメンの食べ歩き」をテーマにしたブログの場合、「札幌ラーメン」「博多ラーメン」などの地域別に分類すれば、ご当地のラーメン情報を知りたい読者は記事を探しやすくなるでしょう。さらに、「彩未」「一風堂」のようにお店ごとにカテゴリーを分けると、各店のラーメンの口コミを知りたい読者にとっては有益になります[※1]。

また、管理画面では投稿をカテゴリーに絞って探すこともできるため、管理が簡単にできるというメリットもあります。

※1 このようなカテゴリーの下にさらにカテゴリーを作成できます。子(サブ)カテゴリーと呼びます。p.140 を参照してください。

■ カテゴリーを作成する

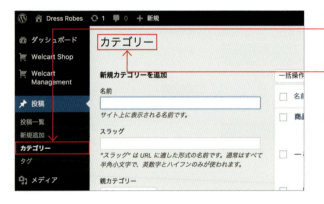

1 メニュー「投稿」―「カテゴリー」をクリック

2 「カテゴリー」画面が表示される

Check!

本書オリジナルテーマでは、ショッピングカートのWelcartを使用しているため、Welcart専用のカテゴリーがすでに作成されています。作成されているカテゴリーはそのままにして、新規でカテゴリーを追加していってください。

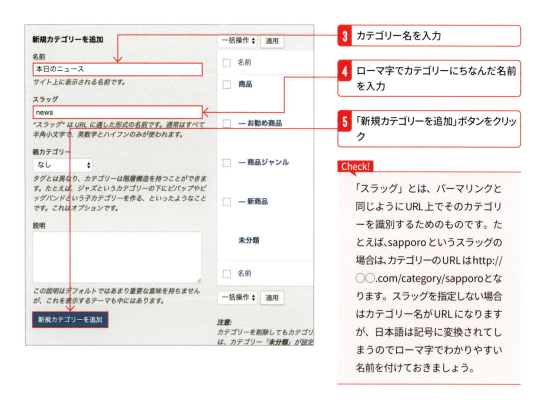

画面右側の一覧に、カテゴリーが追加されていることを確認しましょう。

子(サブ)カテゴリーを作成する

　カテゴリーでは、あるカテゴリーの子(サブ)カテゴリーを作成できます。たとえば、「本日のニュース」というカテゴリーを作成した場合、その子カテゴリーとして「入荷情報」が作成できます。情報の内容に合わせて子カテゴリーを作成することが可能です。

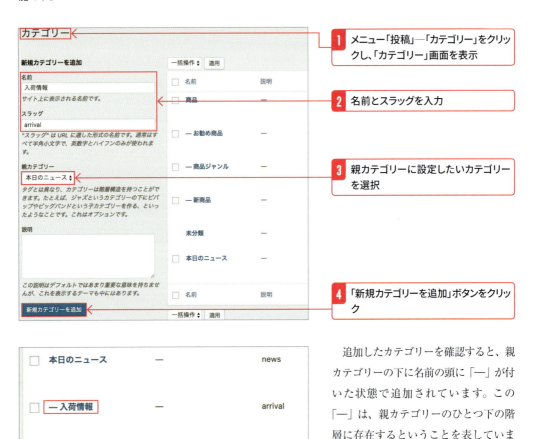

　追加したカテゴリーを確認すると、親カテゴリーの下に名前の頭に「―」が付いた状態で追加されています。この「―」は、親カテゴリーのひとつ下の階層に存在するということを表しています。

階層が深くなるごとに「―」の数が増えていきます。

投稿にカテゴリーを設定する

カテゴリーの作成ができたので、投稿にカテゴリーを設定しましょう。

カテゴリーを設定したい投稿の編集画面を開いて、「カテゴリー一覧」から設定したいカテゴリーにチェックを入れます。

カテゴリーは複数選択することもできますが、あまり多すぎても見づらくなってしまうので、適度な数にとどめましょう。

ページを開き、カテゴリーが正しく設定されていることを確認しましょう。

Lesson 10 固定ページの作成

それでは、固定ページを作成してみましょう。

本書では、「トップページ」「ブログ」「アクセスマップ」「お問い合わせ」の4つのページを作成します。

ここで「ブログは投稿ページなのでは?」と思った方は鋭いですね。WordPressには、初心者でも使いやすいように固定ページに「投稿」の一覧を時系列で表示できる機能が備わっています[※1]。ここでは、「ブログ」という固定ページを作成して、投稿ページとして使用する方法も見ていきましょう。

※1 実はWordPressでは日付やカテゴリー以外の投稿アーカイブ（一覧）は初期の状態で無効になっています。プログラムを上書きして有効にすることもできますが、多少WordPressの深い部分への理解が必要になります。

図　固定ページに投稿ページ一覧を表示するイメージ

まずは、「ブログ」以外の「トップページ」「アクセスマップ」「お問い合わせ」ページを作成します。

トップページを作成する

1. メニュー「固定ページ」-「新規追加」をクリックし、「新規固定ページを追加」画面を表示
2. タイトルを入力
3. 内容を入力
4. 「公開する」ボタンをクリック

5 「公開」ボタンをクリック

ページが公開されていることを確認しましょう。

画面右に表示されている「固定ページを表示」をクリックします。

設定したとおりにページが表示されていることを確認しましょう。

他の固定ページも、「トップページを作成する」と同じように作成していきましょう。

■ アクセスマップを作成する

設定したとおりにページが表示されていることを確認してください。

なお、「アクセスマップ」には、p.175のChapter8で、プラグインを利用して地図を貼り付けます。現在は文字しか表示されていませんが、安心してください。

各ページのパーマリンクはアルファベットに変更する

固定ページのパーマリンクも、「Lesson3 文章を投稿する」と同じように、一度「下書き保存」(または公開)をすることで変更できます。各ページごとの解説は省略しますが、作成したページのパーマリンクはアルファベットに変更しておきましょう。

お問い合わせページを作成する

1. 「固定ページ」―「新規追加」をクリックし、「新規固定ページを追加」画面を表示
2. タイトルを入力
3. 内容を入力
4. パーマリンクをアルファベットに変更
5. 「公開する」ボタンをクリック

設定したとおりにページが表示されていることを確認してください。

なお、「お問い合わせ」も、p.182のChapter8で、プラグインを利用してお問い合わせフォームを設置します。

ブログページを作成する

ブログページは、前述したように固定ページに「投稿」の一覧を時系列で表示する設定をおこないます。ここではタイトルとパーマリンクのみ入力してください。

1. メニュー「固定ページ」―「新規追加」をクリックし、「新規固定ページを追加」画面を表示
2. タイトルを入力
3. 「公開する」ボタンをクリック

固定ページを確認する

各ページを作成したら、メニュー「固定ページ」―「固定ページ一覧」をクリックし、「固定ページ」画面を表示してください。さきほど作った4つのページが作成されていることを確認しましょう。

Check!

Welcartプラグインを使用している場合、「カート」と「メンバー」という固定ページが自動で作成されています。カート機能を使用する際に必要になるので、削除せずにそのままにしておいてください。

■ サンプルページを削除する

WordPressの初期の状態では「サンプルページ」という固定ページが作成されていますが、不要なので削除しておきましょう。

固定ページを削除する方法は、投稿を削除する方法と同じです。

1. メニュー「固定ページ」―「固定ページ一覧」をクリックし、「固定ページ」画面を表示
2. 「サンプルページ」にカーソルを合わせる
3. 「ゴミ箱へ移動」をクリック

正しく削除されたか確認しましょう。

「ゴミ箱」をクリックし、ゴミ箱に入っているページ一覧を表示させます。

「サンプルページ」が表示されていれば、正しく削除されています。

ただし、ゴミ箱へ入れても、実際にはゴミ箱へ移動しただけで、完全に削除されたわけではありません。完全に削除するためには、次ページの操作をおこないましょう。

ゴミ箱を空にする

　ゴミ箱に入っているページが多くなってくると、WordPressのパフォーマンス（表示速度）にも影響が出てくることがあります。本当に不要なページしかゴミ箱に入っていなければ、ゴミ箱を空にして完全に削除してしまいましょう。

　「○件のページを永久に削除しました。」というメッセージが表示され、ゴミ箱が空になっていることを確認しましょう。

Lesson 11 トップページとブログページを固定ページに変更する

　WordPressでは、初期の状態では、「投稿一覧ページ」がサイトのトップページに表示される設定になっています。ですが、本書ではトップページに投稿ページではなく、「Dress Robesとは？」というショップの概要を説明した固定ページ（p.142で作成したトップページ）を表示させます。

　「表示設定」画面からサイトのトップページを固定ページへ変更する設定をおこないましょう。また、同時にトップページから外した「投稿ページ」をLesson10で作成した「ブログ」の固定ページの中に表示させる設定もおこないます。

1 メニュー「設定」―「表示設定」をクリック

2 「表示設定」画面が表示される

3 「固定ページ(以下を選択)」をクリック

4 「ホームページ」にトップページを選択（ここでは「Dress Robesとは？」）

5 「投稿ページ」にブログページを選択（ここでは「ブログ」）

6 「変更を保存」ボタンをクリック

設定完了後、メニュー「固定ページ」—「固定ページ一覧」をクリックし、固定ページの一覧を開いてみましょう。

「Dress Robesとは？」の右横に「—フロントページ」、「ブログ」の右横に「—投稿ページ」とそれぞれ表示されていることを確認しましょう。

最後に、トップページとブログページを表示して各ページが変更されていることを確認しましょう。

表示の確認はトップページからもアクセスできますが、以下の手順でも可能です。

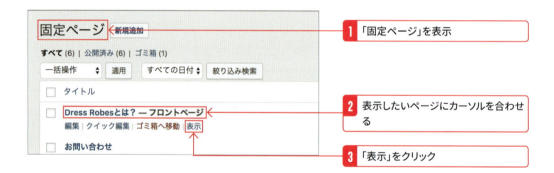

・トップページ

・ブログページ

Lesson 12 ナビゲーションメニューの作成

ナビゲーションメニューの役割

　ナビゲーションメニューとは、ヘッダーやフッターなどに配置される、コンテンツへの入り口をわかりやすくするための仕組みです。

　Lesson10「固定ページの作成」で固定ページを作成した時に気付いた方もいるかもしれませんが、本書のオリジナルテーマではナビゲーションメニューが自動で作成されます。固定ページを作成すると、ヘッダーにあるメニューに、作成した固定ページ名が自動的に追加されます。そのメニューから固定ページへアクセスできます。このようなメニューを、ナビゲーションメニューと呼びます。

　もしナビゲーションメニューがなかったら、トップページ以外のページを見つけるのが非常に困難になります[1]。**ナビゲーションメニューを利用することで、ユーザーにコンテンツの場所をわかりやすく示すことができます。**

　くり返しになりますが、本書のオリジナルテーマでは固定ページを作成した時に自動でメニューが作成されます。しかし、他のテーマの中には、固定ページを作成してもナビゲーションメニューに反映されないものもあります。また、ナビゲーションメニューの並びを自由に変えたり、固定ページ以外のコンテンツへのリンクをメニューに設置したい場合もあると思います。

　そのような場合に利用する機能が「カスタムメニュー」です。WordPressでは**「カスタムメニュー」を使用することで、HTMLやCSSを記述することなく、簡単にナビゲーションメニューを設置できます。**

　それでは、ナビゲーションメニューを設置してみましょう。

[1] 例えば、ユーザーは会社のブログを見たくてもメニューがなければ、どこから見ればいいのかわかりません。お問い合わせをしたくてもトップページからどのようにお問い合わせページへ行けるのかもわかりません。

■ ナビゲーションメニューを作成する

まず初めに、今はどのようなメニューが表示されているのか確認しておきましょう。

現在は、固定ページで作成した「トップページ（ホーム）[※2]」「お問い合わせ」「アクセス」「ブログ」の4つのメニューが表示されています。これを自分の好きなメニューに変更できるようにしましょう。

[※2]
『ホーム』とはイコール「トップページ」と考えて下さい。

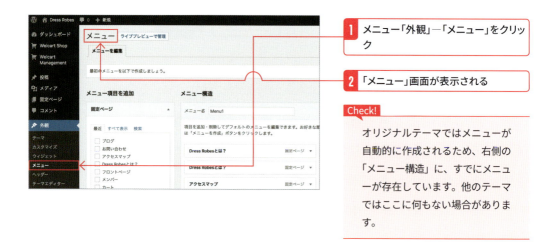

1 メニュー「外観」―「メニュー」をクリック

2 「メニュー」画面が表示される

Check!
オリジナルテーマではメニューが自動的に作成されるため、右側の「メニュー構造」に、すでにメニューが存在しています。他のテーマではここに何もない場合があります。

3 「メニュー構造」の「メニュー名」にメニューの名前を入力

まずは、すでにあるメニューをすべて削除しましょう。

3 各メニューをクリックして開く

4 「削除」をクリック

5 すべてのメニューを削除

カスタムメニューでは、次の4つの種類のメニューを作成することができます。

1. 固定ページ

   固定ページへのリンクをメニューとして設置できます。

2. 投稿

   投稿の個別記事へのリンクをメニューとして設置できます。

3. カスタムリンク

   任意のURLを指定してメニューを設置できます。

   「ホーム」へのリンクや外部サイトへリンクする場合などは、この「カスタムリンク」を使用します。

4. カテゴリー

   カテゴリーのアーカイブページへのリンクをメニューとして設置できます。

ここでは、「ホーム」「ブログ」「商品一覧[※3]」「アクセス」「お問い合わせ」の5つのメニューを作成しましょう。

次からは、メニューに表示する項目を作成していきます。

※3
「商品一覧」はWelcartで作成された商品の一覧を表示するページです。詳しくはChapter9で説明します。

「ホーム」メニューの設置（カスタムリンクメニューの作成）

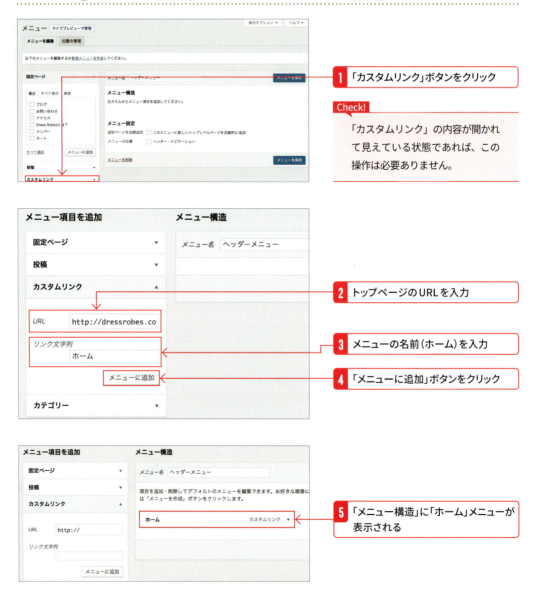

追加した「ホーム」メニューの右側の「▼」をクリックすると、設定の詳細を見ることができます。URLとナビゲーションラベルに間違いがないか確認しておきましょう。

「ブログ」「アクセス」「お問い合わせ」メニューの設置
（固定ページメニューの作成）

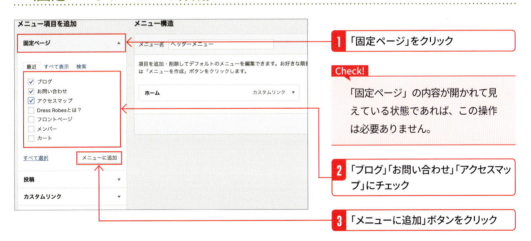

1. 「固定ページ」をクリック

Check!
「固定ページ」の内容が開かれて見えている状態であれば、この操作は必要ありません。

2. 「ブログ」「お問い合わせ」「アクセスマップ」にチェック

3. 「メニューに追加」ボタンをクリック

4. 「メニュー構造」に「ブログ」「お問い合わせ」「アクセスマップ」メニューが表示される

■「商品一覧」メニューの設置（カテゴリーメニューの作成）

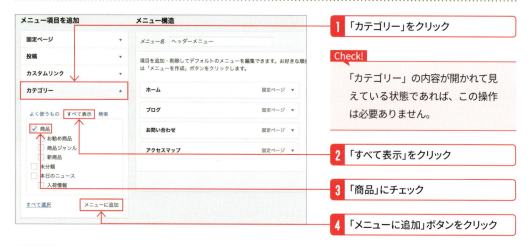

Check!
「商品」カテゴリーを作成した覚えがないのに表示されていることに違和感があるかもしれません。「商品」カテゴリーはプラグインのWelcartが自動的に作成しているカテゴリーですので、安心してください。

Check!
このままでは「商品」という名前のメニューになってしまいます。名前を「商品一覧」に変更しましょう。

8 「ナビゲーションラベル」に「商品一覧」と入力

メニューの並びかえ

「商品一覧」が「お問い合わせ」の前にくるように並びかえてみましょう。<mark>メニューの並び替えはメニューをドラッグ＆ドロップすることでできます。</mark>

1 ドラッグ＆ドロップで並びかえる

MEMO

サブメニューにしてしまわないように

ドラッグ＆ドロップ時の注意点ですが、メニューを同列ではなく1段右に配置すると、左図のように一段上のメニューのサブメニューとして認識してしまいます（図でたとえば、「商品一覧」は「ブログ」のサブメニューとして扱われてしまいます）。今回のように独立したメニューとして設置したい場合は、必ず同列にメニューを配置しましょう。

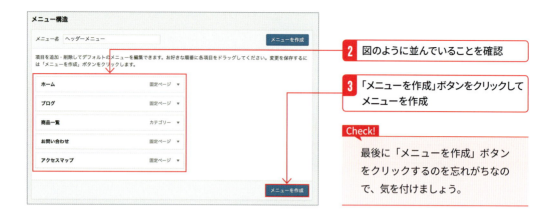

メニュー位置の設定

　カスタムメニューは作成できましたが、今のままではナビゲーションメニューに反映されていません。つまり、ページ上では作成前のままの状態です。カスタムメニューを反映させるためにはメニューの位置を設定する必要があります。

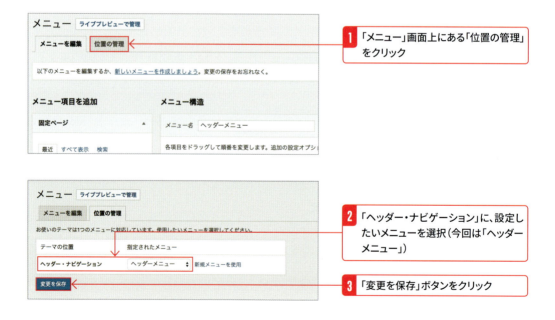

トップページを表示して、設定したとおりにメニューが表示されていることを確認しましょう。

ナビゲーションメニューをウィジェットとして利用する

　ナビゲーションメニューをウィジェットとして利用することもできます。ウィジェットについてはまだ具体的に説明していないので、この説明は次からはじまるLesson13を学んでから読みましょう。

　「外観」―「ウィジェット」メニューから、「ナビゲーションメニュー」をウィジェットエリアへ追加します。

　タイトルを入力し、ウィジェットの「メニューを選択」から設定するメニューを選択します。(ここでは作成済みのメニュー「ヘッダーメニュー」を選択)

　最後に「保存」ボタンをクリックしてください。

　ページを開いて、ウィジェットエリアが反映されていることを確認してください。

Lesson 13 ウィジェットの設定

ウィジェットとは、サイドバーやフッターなどに設置するさまざまなパーツを導入できる機能です。==ウィジェットを使用することで、サイドバーなどから最新の投稿やカテゴリーアーカイブ、月別アーカイブなどへ、簡単にアクセスできます。==

ウィジェットはナビゲーションメニューからはアクセスできない、より細分化されたコンテンツへのアクセスを可能にします。また、ログインフォームやFacebook、Twitterなどの埋め込みパーツを導入することもできます。

図 ウィジェット例

・ログインフォーム

・Facebookの埋め込み

オリジナルテーマでは、「ホーム」に設置できるウィジェットが3つ、各ページの「サイドバー」に設置できるウィジェットが3つの、計6つのウィジェットエリア[※1]の使用が可能です。

メニュー「外観」―「ウィジェット」をクリックすると、現在利用できるウィジェットが表示されます。

※1
ウィジェットエリアとは「エリア」という名前が指し示すように、ウィジェットを置く場所のことです。ウィジェットはウィジェットエリアとは違い、機能そのものを指します。

ホームのウィジェットエリアは、「ホーム　ウィジェットエリア（左）」「ホーム　ウィジェットエリア（中）」「ホーム　ウィジェットエリア（右）」の3つです。

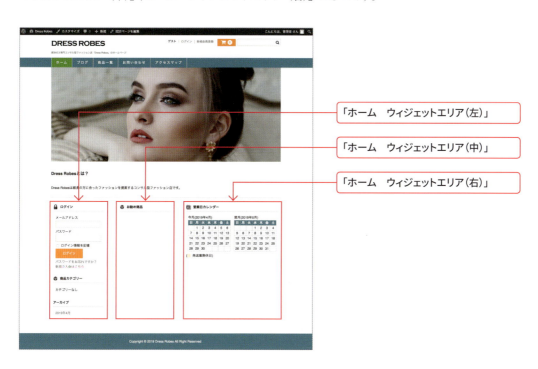

初期状態では管理画面のウィジェットには何も設定されていません。何も設定されていない場合は前ページで表示されているようにテーマが自動的に任意のウィジェットを追加する仕様になっています。

それでは、下図のように、ホームのウィジェットを左から「Welcartカテゴリー」「お勧め商品」「商品検索」へ変更してみましょう。

■ホームウィジェットエリアの変更

1. 「ウィジェット」画面で、「Welcartカテゴリー」をドラッグ＆ドロップで「ホームウィジェットエリア（左）」へ移動

Check!

このようにドラッグさせましょう。

2. 「ホーム　ウィジェットエリア（左）」に「Welcartカテゴリー」が追加される

3 「Welcartお勧め商品」を「ホームウィジェットエリア（中）」へ、「Welcartキーワード検索」を「ホームウィジェットエリア（右）」へ、p.162の「Welcartカテゴリー」と同様に追加

トップページを表示し、以下のように反映されていることを確認しましょう。

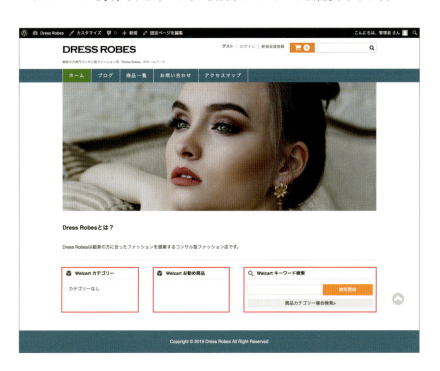

ウィジェットのドラッグ＆ドロップが難しい時の対処法

ウィジェットはドラッグ＆ドロップで簡単にウィジェットエリアへ移動できます。しかし、ウィジェットの数が多いと、ウィジェットをウィジェットエリアまで移動することが難しいことがあります。

そんな時でもWordPressには簡単にウィジェットを追加できる方法があります。

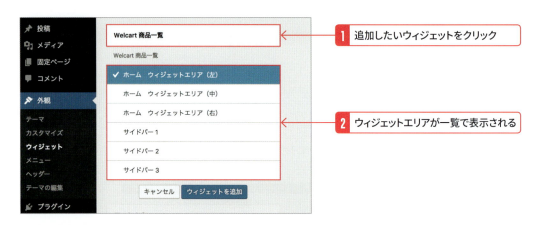

ウィジェットエリアにウィジェットが追加されていることを確認します。

サイドバーウィジェットエリアの設定

サイドバーでは3つのウィジェットエリアを使用できます。

- サイドバー1　商品詳細、商品一覧、カテゴリー、検索ページのサイドバーウィジェット
- サイドバー2　投稿、固定ページのサイドバーウィジェット
- サイドバー3　投稿一覧ページのサイドバーウィジェット

ウィジェットの追加方法は、ホームのウィジェットエリアと同じです。
　各ページに合わせて必要だと思うウィジェットをそれぞれ追加してください。参考までに、次ページに例を紹介します。

投稿一覧ページ

「アーカイブ」と「Welcart カテゴリー」の2つのウィジェットを設定しています。

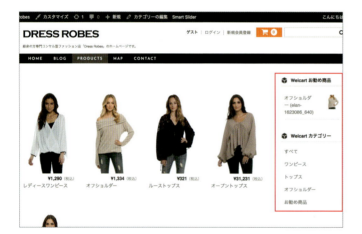

商品一覧ページ

「Welcart お勧め商品」と「Welcart カテゴリー」の2つのウィジェットを設定しています。（商品の登録についてはChapter9で説明します）

MEMO

さらにウィジェットについて

上記の例のように、ウィジェットは一つのエリアに複数設定することも可能です。また、ウィジェットの配置のコツとしては、「どのページにどういったウィジェットがあれば、コンテンツを読んでもらえるか？商品を購入してもらえるか？」ということを考えるのが良いでしょう。

初期ウィジェットの表示/非表示

複数ページ型のオリジナルテーマには、初期状態で各ページにサイドバー（ウィジェット）が表示されています。

「固定ページ」のページには、「営業日カレンダー」が表示されています。

「カテゴリー」のページには、「商品カテゴリー」「営業日カレンダー」が表示されています。

各ページにはじめから表示されているウィジェットは、非表示に設定できます。また、ウィジェットエリアにウィジェットを追加すれば、初期ウィジェットを非表示にしていても、サイドバーを表示させることも可能です。

初期ウィジェットの非表示の設定

1 「外観」―「カスタマイズ」をクリック

2 「初期ウィジェットの非表示」をクリック

3 「初期ウィジェットを表示しない」にチェック

4 「公開」ボタンをクリック

サイドバー（ウィジェット）が非表示になっていることを確認しましょう。

ウィジェットを設定してサイドバーを表示

　初期ウィジェットを非表示にしても、ウィジェットエリアにウィジェットを追加することで、特定のページのみサイドバーを表示することもできます。

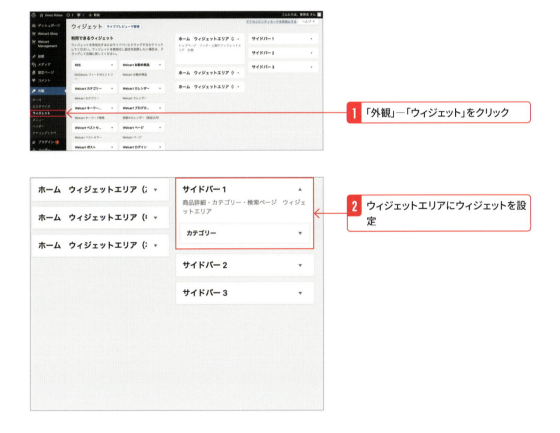

1 「外観」→「ウィジェット」をクリック

2 ウィジェットエリアにウィジェットを設定

ウィジェットを設定したページにのみ、ウィジェットが反映されていることを確認しましょう。

Chapter 8

プラグインで高度な機能を導入する

地図の表示や、お問い合わせフォーム、
スライドショーなどの高度な機能を
簡単に作成するためにプラグインを利用しましょう。

Lesson 1 　プラグインの追加
Lesson 2 　Flexible Mapで地図を導入する
Lesson 3 　Contact Form7でお問い合わせフォームを設置する
Lesson 4 　パンくずリストを設置する
Lesson 5 　トップページにお知らせを表示する
Lesson 6 　ヘッダー画像をスライドショーに変更する

Lesson 1 プラグインの追加

プラグインとは、WordPressの機能を拡張できるツールです。

WordPress本体はCMS[※1]としての基本的な機能のみで構成されています。そのため、本体の機能とは別に利用者側でニーズに応じた機能を追加する仕組みが用意されています。その機能を追加できるツールを「プラグイン」と呼びます。

プラグインを利用して、WordPress本体にはないさまざまな機能を簡単に導入できるのもWordPressの大きなメリットといえます。

※1
Chapter1でも説明しましたが、「Content Management System」といいます。コンテンツ管理システムという意味です。

図 プラグインのイメージ

本章では、以下の機能をプラグインを利用して導入していきます。

1. Googleマップ
2. お問い合わせフォーム
3. パンくずリスト
4. トップページのお知らせ一覧
5. ヘッダー画像のスライドショー

プラグインの中には、プログラム（PHP）コードの設置や修正が必要なものもあります。

本書のオリジナルテーマではコードの設置の必要がないよう作成しているので、安心してください。WordPressの操作に慣れてきたら、プラグイン設置のコードを記述してプラグインの動きを確認してみましょう。

プラグインのインストール方法

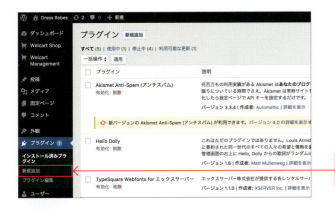

1 メニュー「プラグイン」―「新規追加」をクリック

2 「プラグインを追加」画面が表示される

3 検索窓に探したいプラグインのキーワードを入力

Check!
ここでは試しに、SEOの設定を簡単にできる「All in One SEO Pack」を検索してみましょう。

4 検索結果に表示されたプラグインの「今すぐインストール」ボタンをクリック

5 インストールが完了すると「有効化」ボタンが表示されるのでクリック

6 ダッシュボードに移動し、左図のメッセージが表示される

Check!

「有効化」ボタンをクリック後の画面の表示の仕方はプラグインによって異なります。

　メニュー「プラグイン」―「インストール済みプラグイン」に移動し、プラグインが有効化されていることを確認しましょう。

　リストに載っており、かつ、タイトル下に「停止」と表示されていれば、有効化されています。

Lesson 2 Flexible Mapで地図を導入する

　固定ページの「アクセス」ページに地図を表示させましょう。

　地図の導入には「Flexible Map」プラグインを使用します。Googleマップの埋め込みコードを利用する方法もありますが、「Flexible Map」プラグインでは埋め込みコードにはない機能を使用できます。**なお、あらかじめGoogleアカウントへの登録とログイン（p.246）、請求先アカウントの作成をおこなっておいてください。**

地図の表示

プラグインのインストールとキーの取得

1. メニュー「プラグイン」-「新規追加」をクリック
2. 「Flexible Map」と入力
3. 「今すぐインストール」ボタンをクリック
4. インストール後、「有効化」ボタンをクリック

Check!
Flexible Mapを使用するためには、「Google Maps APIキー」が必要になります。

5. メニュー「設定」-「Flexible Map」をクリックし、「Flexible Map」画面を表示
6. 「Google Maps API website.」をクリック

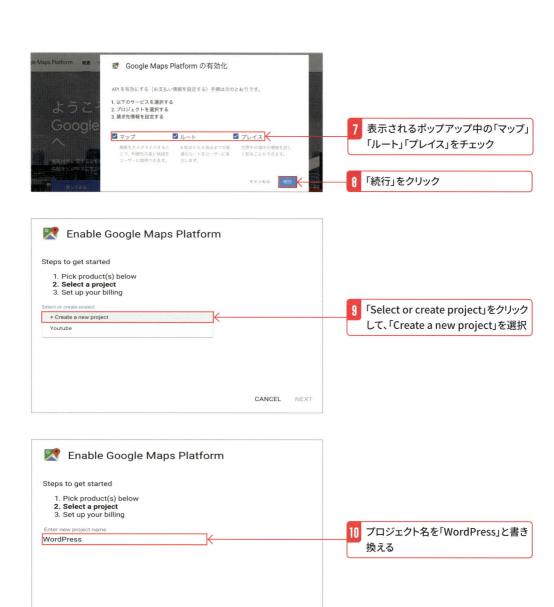

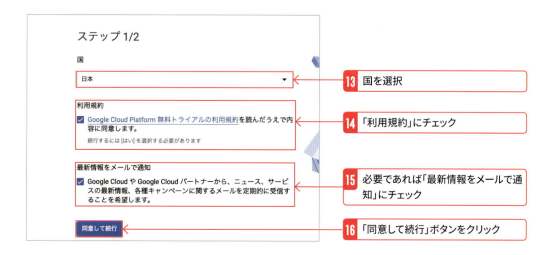

12 「請求先アカウントの作成」をクリック

Check!

請求先アカウントの作成にはクレジットカードの登録が必須ですが、1ヶ月200ドルまでは無料で使用できます。詳しくはGoogle Maps Platformの料金設定を参考にしてください（https://cloud.google.com/maps-platform/pricing/sheet/?hl=ja）。

13 国を選択

14 「利用規約」にチェック

15 必要であれば「最新情報をメールで通知」にチェック

16 「同意して続行」ボタンをクリック

地図をページに表示させる

　Flexible Mapの設定が完了したので、アクセスマップのページに地図を埋め込んでみましょう。

　Flexible MapではWordPress固有の「ショートコード」と呼ばれる機能を使用して導入します。**ショートコードとは、特定の記述を投稿や固定ページの本文に入力することで、WordPressやプラグインがそのコードを元に特定の機能の表示や動作をおこなう仕組みです。**

　たとえば、[video]というショートコードを投稿の本文内に記述した場合、WordPressはその投稿に添付された動画ファイルを読み込んで記事内に動画を表示します。

図 ショートコードのしくみ

　それでは、Flexible Mapのショートコードを利用して実際に地図を記事内に表示してみましょう。

　次の手順で、Flexible Mapのショートコードを固定ページ「アクセス」の内容入力欄に記述します。次ページのショートコードを記述しましょう。

==[flexiblemap address="住所、所在地、施設名など"]==

　コード中の、「住所、所在地、施設名など」は表示したい住所や施設名に変更してください。

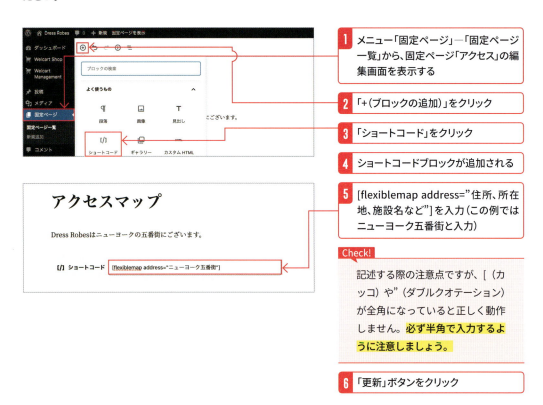

1 メニュー「固定ページ」―「固定ページ一覧」から、固定ページ「アクセス」の編集画面を表示する

2 「+（ブロックの追加）」をクリック

3 「ショートコード」をクリック

4 ショートコードブロックが追加される

5 [flexiblemap address="住所、所在地、施設名など"]を入力（この例ではニューヨーク五番街と入力）

Check!
記述する際の注意点ですが、[（カッコ）や"（ダブルクオテーション）が全角になっていると正しく動作しません。==必ず半角で入力するように注意しましょう。==

6 「更新」ボタンをクリック

　「アクセス」ページを表示して、左図のように正しく地図が表示されていることを確認しましょう。地図の照準が指定した住所に当たっていない場合は、ショートコードの書き方や住所の指定が間違っていないか、もう一度よく見直してみてください。

地図の横幅と高さの指定

ページに表示する地図の横幅と高さを変更したい場合は、以下の黄色の背景色がかかっている部分のコードを追加してください。

[flexiblemap address="任意の住所" width=" 400px" height=" 300px"]

widthに横幅、heightに高さを指定します。ここでは仮に400px、300pxと指定しています[※1]。

※1
「px」とは、コンピューターで扱う画像の単位のひとつです。「em」や「%」といった数値も使えますが、ここでは「px」を使用してみましょう。

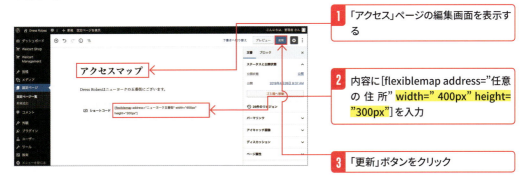

1. 「アクセス」ページの編集画面を表示する
2. 内容に[flexiblemap address="任意の住所" width=" 400px" height="300px"]を入力
3. 「更新」ボタンをクリック

上図のように指定すると、下図のように地図の大きさが変わります。

Flexible Mapには上記の機能以外にも、さまざまな機能が用意されています。以下のwebサイトは英文表記ですが、公式のマニュアルも参考にしてください。

URL https://flexible-map.webaware.net.au/manual/

Contact Form7でお問い合わせフォームを設置する

お問い合わせページに、お問い合わせフォームを設置しましょう。

お問い合わせフォームの設置には「Contact Form 7」プラグインを使用します。

1 メニュー「プラグイン」―「新規追加」をクリック

2 「Contact Form 7」と入力

3 「今すぐインストール」ボタンをクリック

4 インストール後、「有効化」ボタンをクリック

5 メニュー「お問い合わせ」をクリック

6 「コンタクトフォーム」画面が表示される

7 「コンタクトフォーム1」をクリック

8 「コンタクトフォームの編集」画面が表示される

「コンタクトフォームの編集」では、次の4つの設定ができます。

1. **フォーム**：フォームの入力項目（フォームタグ）を設定します。
2. **メール**：お問い合わせ送信先の設定や自動返信メールの設定をします。
3. **メッセージ**：送信後のメッセージやエラーメッセージを編集します。
4. **その他の設定**：カスタマイズ用のコードを使用してフォームのカスタマイズができます。

フォームの入力項目を決定する

　初期の入力項目は「お名前」「メールアドレス」「題名」「メッセージ本文」が設定されています。その他にも「電話番号」や「チェックボックス」「ドロップダウンメニュー」などのタグがあるので、お問い合わせで取得したい情報[※1]をもとに項目を決定しましょう。初期の入力項目を削除しても問題ありません。

※1
「取得したい情報」とはつまり、「ユーザーに入力してもらいたい情報」です。ユーザーがお問い合わせをする際に、サイトの管理者である自分が知っておきたい情報を設定しましょう。

　ここでは、例として「電話番号」項目を設置してみましょう。

7 挿入されたタグを「<label> 電話番号（必須）」と「</label>」で囲む

Check!

電話番号を必須項目にした場合は、「お名前」などを参考にして、電話番号のタイトルの横に（必須）と記述しましょう。必須項目だということがユーザーにすぐに伝わります。

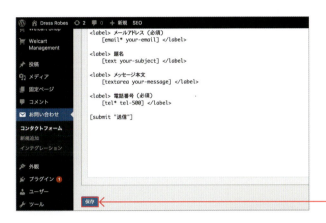

8 ページ下部の「保存」ボタンをクリック

ショートコードと PHP コードの違い

　このChapterではショートコードを使用してプラグインを導入する箇所がいくつかあります。冒頭でも触れたようにWordPressでは、ショートコードとは別にPHPを使用して機能を追加する方法もあります。

　両者の違いとして、**ショートコードは基本的に投稿、固定ページの本文、ウィジェットの中で使用しますが、PHPコードは、PHPファイル（テンプレートファイル）の中で使用します。**

　WordPressはセキュリティの観点から「投稿、固定ページの本文」と「ウィジェット」内では、PHPコードを使用することができません。そのため、PHPコードの代わりとしてショートコードを使用できるようになっています。

　一方、PHPファイル（テンプレートファイル）というのは、WordPressを構成しているファイルで、WordPressの表示や動作を決めているファイルです。その中でPHPコードを使用することは、当然ですが問題ありません。

　投稿や固定ページの本文、ウィジェットに機能を設置する場合は「ショートコード」、PHPファイルの中に直接記述する場合は「PHPコード」を選択するようにしましょう。

送信先のメールアドレスを設定する

お問い合わせを受信するメールアドレスを設定しましょう。

初期の状態ではWordPressに登録されているメールアドレスが「送信先」として設定されています。別のメールアドレスで受信したい場合は変更しておきましょう。

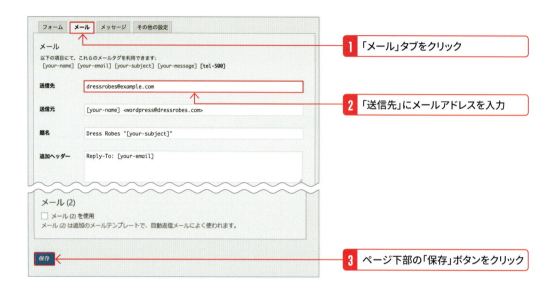

MEMO

自動返信メールの設定

ページ下部の「メール (2)」では、メール (2) の送信先に送信者（ユーザー）のメールアドレスを指定することで、自動返信メールを設定できます。（メール (2) の「送信先」に既に設定させているショートコード [your-email] が、ユーザーの入力したメールアドレスになります）

送信者に対して自動返信メールを送信することで、ユーザーがお問い合わせを正しく送信できたことを確認できます。利用したい場合はこちらもチェックを入れておきましょう。

固定ページにショートコードを設置する

地図を作成した時（Lesson2）と同じように、今回のメールフォームもプラグインを設定しただけではページに表示されません。表示させたいページにショートコードを入力しましょう。

1. メニュー「お問い合わせ」―「コンタクトフォーム」から、表示させたいコンタクトフォームを選択し、「コンタクトフォームの編集」画面を表示
2. ショートコードをコピー
3. メニュー「固定ページ」―「固定ページ一覧」から、固定ページ「お問い合わせ」の編集画面を表示
4. ショートコードブロックにコピーしたショートコードを貼り付け
5. 「更新」ボタンをクリック

お問い合わせページを表示し、メールフォームが設置されていることを確認しましょう。

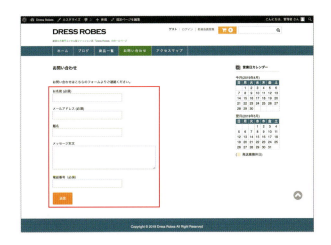

Check!
メールフォームが表示されない、設定が違うなどの場合は、もう一度手順を読み直してみてください。ショートコードの書き方もp.185を参考にして再度確かめてみましょう。操作や記述内容は単純なので、焦らず手順通りにおこなうことが大切です。

Lesson 4 パンくずリストを設置する

==パンくずリストとは、ユーザーが現在どのページにいるのかを階層ごとにわかりやすく示したリストのことです。==

たとえば、Chapter7でも例に挙げた「ラーメンの食べ歩き」をテーマにしたサイトに、「札幌ラーメン」というカテゴリーがあり、ユーザーがそのカテゴリーの中の「彩未（お店）の口コミ」という記事を見ているとしましょう。この場合、見ているページに表示されるパンくずリストは以下のように表示されます。

トップ＞ 札幌ラーメン＞ 彩未（お店）の口コミ

パンくずリストがあることで、ユーザーは「札幌ラーメン」というカテゴリーの中の記事を見ていることを視覚的に理解できます。

もし、ユーザーが他のお店の口コミに興味があれば、**パンくずリストをたどって別の記事を読んでもらえるかもしれません。**

図 パンくずリストがあることで今どのページにいるのかすぐにわかる

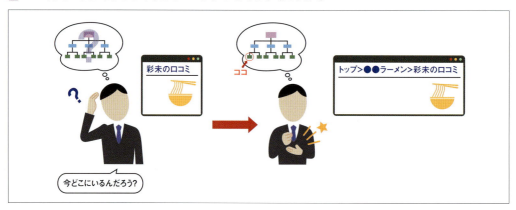

また、**パンくずリストはSEOにも役立ちます。** 検索エンジンのロボット（クローラー）はページ内のリンクをたどってサイトの構造やページの情報をデータベースに登録しています。パンくずリストを使用することでクローラーもページを巡回する効率を上げられるため、SEOにも効果的といわれています。

パンくずリストを設置する

1 メニュー「プラグイン」―「新規追加」をクリック
2 検索窓に「Breadcrumb NavXT」を入力
3 「今すぐインストール」ボタンをクリック
4 インストール後表示される「有効化」ボタンをクリック

5 「インストール済みプラグイン」画面が表示される
6 「Breadcrumb NavXT」が有効化されていることを確認（「Breadcrumb NavXT」タイトル下に「停止」が表示されていれば有効化されています）

　プラグインを有効化するとページにパンくずリストが表示されます。「ブログ」ページで確認してみましょう。以下のようにパンくずリストが正確に表示されていれば成功です。

Lesson 5 トップページにお知らせを表示する

　トップページに「ブログの更新情報」や「お知らせ」を表示してみましょう。トップページに「お知らせ」があることで、ユーザーがトップページからサイトを訪問した時、最新の情報がすぐに見られます[※1]。

※1 商品の入荷情報などユーザーに広く周知したい情報がある場合に効果的です。

　「お知らせ」は「What's New Generator」プラグインを使用して設置します。

1 メニュー「プラグイン」―「新規追加」をクリック

2 検索窓に「What's New Generator」を入力

3 「今すぐインストール」ボタンをクリック

4 インストール後表示される「有効化」ボタンをクリック

5 「インストール済みプラグイン」画面が表示される

6 「What's New Generator」が有効化されていることを確認(「What's New Generator」タイトル下に「停止」が表示されていれば有効化されています)

14 画面上のショートコードを選択してコピー

15 フロントページとして設定しているページの編集画面を表示

Check!
p.149で設定したページです。ここではトップページです。

16 お知らせを表示させたい箇所にショートコードブロックを追加し、さきほどコピーしたショートコードを貼り付け

17 「更新」ボタンをクリック

トップページを表示しましょう。正しくお知らせが表示されていることを確認できるでしょうか。

ヘッダー画像をスライドショーに変更する

スライドショーを用いることでより多くの情報を、画像を通して視覚的にユーザーに伝えられます。スライドショーには「Smart Slider 3」プラグインを使用します。

1. メニュー「プラグイン」―「新規追加」をクリック
2. 検索窓に「Smart Slider 3」を入力
3. 「今すぐインストール」ボタンをクリック
4. インストール後表示される「有効化」ボタンをクリック
5. 「インストール済みプラグイン」画面が表示される
6. 「Smart Slider 3」が有効化されていることを確認（「Smart Slider 3」タイトル下に「停止」が表示されていれば有効化されています）

7 メニュー「Smart Slider」をクリック

8 設定画面が表示される

9 画像「NEW SLIDER」をクリック

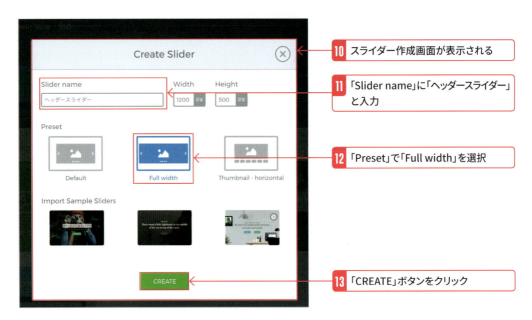

10 スライダー作成画面が表示される

11 「Slider name」に「ヘッダースライダー」と入力

12 「Preset」で「Full width」を選択

13 「CREATE」ボタンをクリック

14 作成した「ヘッダースライダー」が表示される

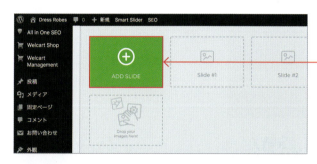

15 スクロールし、画像「ADD SLIDE」をクリック

Check!
ここからスライドショーに使用する画像を設定できます。

16 スライドの項目一覧が表示されるので「Image」をクリック

17 スライドショーに使用する画像をクリックですべて選択

18 「選択」ボタンをクリック

Check!
新しく画像を追加する方法は、p.126を参照して下さい。

18 メッセージ「SUCCESS」が表示される

19 選択した画像が追加される

20 「SAVE」ボタンをクリック

21 スクロールして、「AUTOPLAY」をクリック

Check!
スライドショーの画像を一定間隔で自動的にスライドするエフェクトを設定します。

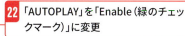

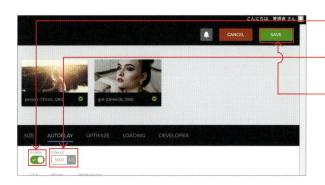

22 「AUTOPLAY」を「Enable（緑のチェックマーク）」に変更

23 「Interval」を「5000」に変更

24 「SAVE」をクリック

> Check!
>
> 「Interval」はミリ秒で設定します。ここでは5秒ごとに画像をスライドする設定に変更しています。

25 メッセージ「SUCCESS」が表示される

> Check!
>
> スライドショーの設定が完了しました。次はページにスライドショーを表示させます。

26 上にスクロールし、作成した「ヘッダースライダー」の下にある「ID」を確認

27 メニュー「外観」―「カスタマイズ」をクリック

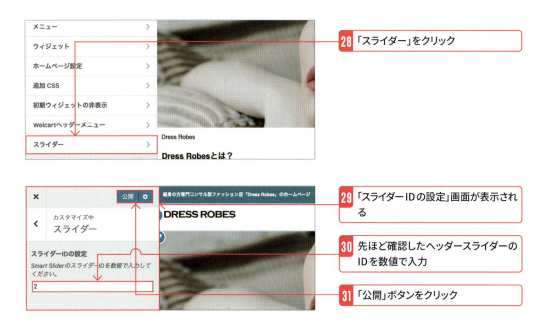

トップページを表示し、スライドショーが正しく表示されていることを確認しましょう。

Chapter 9

ショッピングカート機能を利用する

ショッピングカート機能を追加しましょう。
プラグインを追加し、手順を追うだけで作成できます。
この機能が不要の方は飛ばしてください。

Lesson 1 　Welcartプラグインとは
Lesson 2 　基本設定
Lesson 3 　商品を作成する

Lesson 1

Welcartプラグインとは

Chapter9ではWelcartプラグインを使用して商品の登録から、購入までができるようにします。

Welcartプラグインは、WordPress専用のショッピングカートです。基本的な機能についてはすべて無料で利用できるので、ショッピングカートに費用をかけることなくショッピング機能を持ったサイトを作成できます。無料ながら高機能で、カスタマイズ性にも優れたプラグインなので、個人から企業サイトまで幅広く利用することが可能です[※1]。

※1
本書ではショッピングカートとして必要最低限稼働するところまでの説明になります。より詳しいカスタム方法などが知りたい場合は、後述のオンラインマニュアルを参照してください。

◾️ Welcartの管理メニューの構成

Welcartプラグインのインストール方法は、p.82を参照してください。
ここではまずはじめにWelcartの管理メニューの構成を確認しておきましょう。
Welcartをインストールすると、以下の2つの管理メニューが追加されます。

1. Welcart Shop
2. Welcart Management

本書では簡単な説明にとどまります。詳細についてはWelcartのオンラインマニュアルがあるので、詳しく知りたい場合や疑問が生じた場合は確認してください。

URL Welcartのオンラインマニュアル
https://www.welcart.com/documents/manual-2/

「Welcart Shop」メニュー

ホーム

「受注数・金額」「商品登録数」などを確認できます。商品全体の売上がどうなっているのか一目でわかります。

商品マスター

登録された商品の一覧を表示します。商品の編集や削除もこの画面からおこないます。

新規商品追加

新規で商品を追加できます。商品の追加方法については後ほど説明します。

基本設定

店舗情報の設定や支払い方法の設定ができます。ショッピングサイトを開く上で重要な設定をおこないます。

営業日設定

キャンペーン期間の設定や営業日の設定ができます。発送業務休日も設定可能です。

配送設定

配送方法や送料の設定ができます。Webのショッピングサイトには不可欠の設定です。

メール設定

会員登録時通知メールなどの送信の設定や自動返信メールの内容を設定できます。

カートページ設定

カートページの表示の設定ができます。細かく設定できるので適宜調整しましょう。

会員ページ設定

「ログインページ」「新規会員登録ページ」「パスワード変更ページ」「会員登録完了ページ」の表示の設定ができます。

システム設定

Welcartシステムの設定や国、言語、通貨などの表示設定ができます。

クレジット決済設定

使用する決済サービスを設定できます。さまざまな決済サービスに対応しています。

「Welcart Management」メニュー

受注リスト

登録された受注データ一覧が表示されます。受注データの編集や削除もこの画面からおこなえます。

新規受注見積登録

受注データの編集や受注見積りデータの新規登録をおこないます。

会員リスト

会員登録された会員の一覧が表示されます。会員データの編集や削除もこの画面からおこなうことができます。

新規会員登録

新規の会員登録ができます。通常は各顧客自身にサイトから登録してもらいますが、実店舗で会員になってもらった場合などは管理者が登録する必要があるでしょう。

Lesson 2　基本設定

　Welcartで商品登録をおこなう前にいくつか基本設定をしておきましょう。
　設定は必要最低限の項目のみ説明しますので、必要に応じて他の項目も入力してください。

配送設定

　配送設定が未設定のままでは商品登録時にエラーが表示されてしまいます。必ず、商品登録の前に配送設定をおこないましょう。

■ ショップ設定と支払方法の追加

受注やお問い合わせを受け付けるメールアドレスと支払方法を登録します。

7 ページ下部の「支払方法」の「新しい支払方法を追加：」の下の入力列に支払方法を入力

8 「新しい支払方法を追加」ボタンをクリック

MEMO

決済種別でクレジットサービスを利用する場合

　決済種別でクレジットサービスを利用する場合は、「クレジット決済設定」画面での設定が必要になります。
　また、Welcartに用意されていない（クレジット決済設定画面から選択できない）決済代行サービスを利用したい場合もあると思います。その場合は、決済種別で「代行業者決済」を選択して、外部から組み込んだ決済モジュールのファイル名を「決済モジュール」欄へ入力しましょう。
　決済モジュールの組み込みについては、下記URLのWelcartのマニュアルを参考にしてください。

https://www.welcart.com/documents/manual-welcart/manual-2/クレジット決済設定

9 さきほど入力した支払方法が追加される

■ メール設定

サンキューメール[※1]や、受注メールなどの設定をおこないましょう。

※1 一般的に、注文者が商品を購入した時や、会員登録を行った時に、自動的に送られるメールのことです。

1. メニュー「Welcart Shop—メール設定」をクリック
2. 「Welcart Shop メール設定」画面が表示される

Check!
レンタルサーバーの会社によっては「SMTPサーバーホスト」の設定が必要な場合があります。

3. 「メールオプション」の設定を見直し、必要があれば変更

4. 「サンキューメール（自動送信）」の入力欄を編集し、「設定を更新」ボタンをクリック

Check!
サンキューメールは受注時に注文者に対して自動送信されるメールです。誤った情報が送信されないよう、ヘッダーやフッターのメッセージ、店舗情報などを確認しましょう。

その他、「受注メール」「問い合わせ受付メール」なども必要に応じて修正しましょう。

Lesson 3 商品を作成する

商品基本情報の設定

それでは、実際にWelcartで商品を登録していきましょう。

1. メニュー「Welcart Shop」―「新規商品追加」をクリック
2. 「Welcart Shop 新規商品追加」画面が表示される

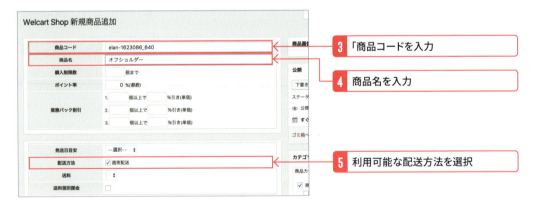

3. 「商品コード」を入力
4. 商品名を入力
5. 利用可能な配送方法を選択

◢ SKU 価格の設定

1 「SKU 価格」の「新しい SKU の追加：」の下の入力列に商品情報を入力、選択

2 「SKU を追加する」ボタンをクリック

> Check!
> SKUとは、商品を管理する上での最小単位のことです。SKUで管理することで、同じ商品でもサイズや色の違いで分けることができます。

> Check!
>
> SKUの「業務パック適用」項目は、Welcartで用意されている大口割引用のシステムの名称です。「業務パック割引」と同時に設定することで「○個以上なら10％割引」といった設定ができます。

3 さきほど入力したSKUが追加される

商品詳細設定

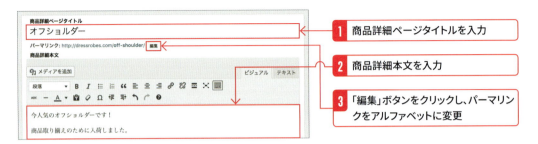

1 商品詳細ページタイトルを入力
2 商品詳細本文を入力
3 「編集」ボタンをクリックし、パーマリンクをアルファベットに変更

商品画像の設定

商品画像は「Image Uploader for Welcart」プラグインを使用して設定します。
プラグインをインストールする前に作成中の商品を下書き保存しておきましょう。

1 「下書きとして保存」ボタンをクリック

2 メッセージ「商品の登録が完了しました。」が表示される

Check!
この時点ではまだ商品は公開されていません。

3 プラグイン「Image Uploader for Welcart」をインストールし、有効化

> **Check!**
> プラグインのインストール方法はChapter8を参考にしてください。

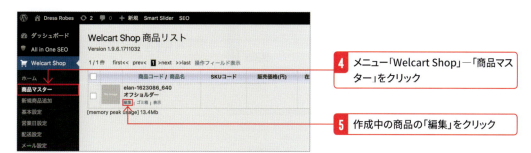

4 メニュー「Welcart Shop」―「商品マスター」をクリック

5 作成中の商品の「編集」をクリック

6 「画像を追加」をクリック

7 「商品画像をアップロード」画面が表示される

8 「ファイルをアップロード」をクリック

9 「ファイルを選択」ボタンをクリック

商品画像は複数枚追加することもできます。同じように「画像を追加」をクリックして追加しましょう。

◪ 商品カテゴリー設定

1 「カテゴリー」の「商品」「新商品」をチェック

MEMO

ウィジェットでお勧め商品として表示する

Chapter7のLesson13「ウィジェットの設定」で設置した、トップページ下部の「Welcartお勧め商品」に商品を表示したい場合は、カテゴリーの「お勧め商品」をチェックしましょう。

「お勧め商品」カテゴリーに登録された商品は、「Welcartお勧め商品」ウィジェットを追加した箇所へ表示されます。

◪ 商品の登録

1 「公開」ボタンをクリック

メニュー「Welcart Shop」―「商品マスター」をクリックし、「商品マスター」に商品が登録されていることを確認しましょう。

「商品一覧」ページにも商品が表示されていることを確認しましょう。これで商品が1つ登録できました。他の商品も同じ手順で登録しましょう。

　最後に、商品詳細ページから商品をカートに入れ、商品の購入ができることを確認しておきましょう。

1 登録した商品ページを表示

2 「カートへ入れる」ボタンをクリック

3 「カートの中」ページが表示され、さきほどカートへ入れた商品が表示される

4 「次へ」ボタンをクリック

5 「お客様情報」画面が表示される

6 下へスクロールし、「会員でない方はこちら」の必要事項を入力

7 「会員登録しながら次へ」ボタンをクリック

Check!

会員登録をすることで、ユーザーは次回からメールアドレスとパスワード情報のみで商品を購入できます。

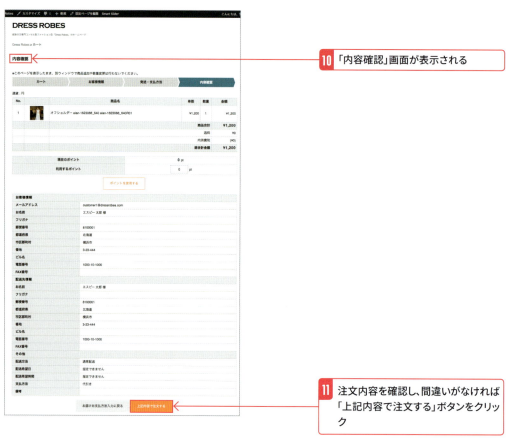

Check!

「基本設定」で設定した受注用メールアドレスに、商品注文メールが届いていることも確認しておきましょう。

さらに、Welcartの受注リストと会員リストに購入データが反映されていることを確認しましょう。

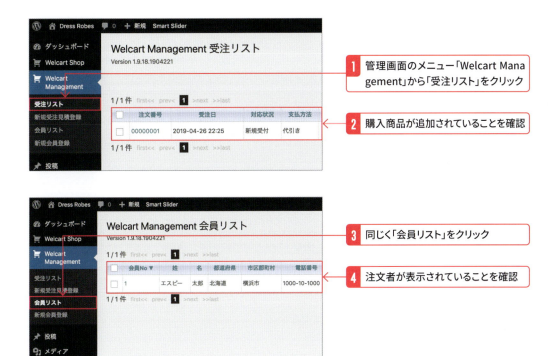

また、受注リストと会員リストは編集することも可能です。
　受注リストを編集したい時には、一覧に表示されている商品の各「注文番号」をクリックすると、下図の編集画面が表示されます。

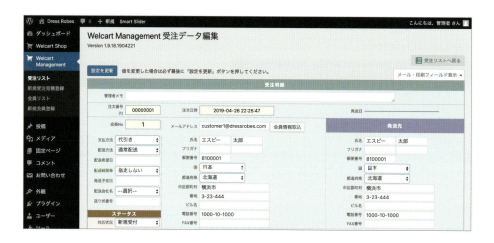

　会員リストを編集したい時には、一覧に表示されている会員の各「会員No.」をクリックすると、下図の編集画面が表示されます。

　それぞれ、情報を編集したい場合に利用してください。

Chapter 10

Webサイトへ集客する

多くのユーザーにアクセスしてもらうこと、
どのページを見て購買に至ったか知ること、
これらを実現する具体的な方法を学びましょう。

Lesson 1　Webサイトへの集客と分析
Lesson 2　Webサイトへの集客
Lesson 3　Webサイトの状況を分析する
Lesson 4　XMLサイトマップの送信

Lesson 1 Webサイトへの集客と分析

商品を製造しただけでは売れないように、サイトも見てもらう工夫をしなければ多くの人に訪問してもらうことはできません。

さらに、ただお客さん（訪問者）を集めただけでは、サイトに訪問したお客さんがどんなページを読んで購買にまで至ったのか、あるいは至らなかったのかを判断できません。

サイトへの集客と分析は同時におこなっていく必要があります。

サイトへの集客方法として、以下のものがあります。検索エンジンからの訪問を増やすためのSEO（Search Engine Optimization）対策、低コストで検索エンジンに広告を出稿するリスティング広告、SNS（Social Networking Service）を利用した認知の拡大やファンの獲得、アフィリエイト広告、SNS広告、メルマガ配信などです。

サイトへの集客方法

1. SEO対策
2. リスティング広告
3. SNS（広告）
4. アフィリエイト広告
5. メルマガ配信

図 集客の例（アフィリエイト広告）

また、集客をしても「どこから、どれくらいの訪問者が来て商品の購買に至っているか」といったことを分析しなければ、「どの集客媒体に力を入れれば成果につながるか」といった施策を正しく判断できないため、ザルに水を注いでいるのと同じことになってしまいます。

サイトを分析する方法として、分析ツールの「Googleアナリティクス」やユーザーの検索したキーワードなどを調べることができる「Google Search Console」を使用した分析方法があります。

サイトの分析ツール

1. Googleアナリティクス
2. Google Search Console

図 分析の例

　このChapterでは、「サイトへの集客と分析」をWordPressで実現する方法について、プラグインなどとあわせて紹介します。

サイト分析に役立つその他のツール

　Googleアナリティクス、Google Search Consoleは無料で使用できますが、これらのツール以外にも無料・有料のツールを使ってサイト分析ができます。

　たとえばGRC（https://seopro.jp/grc/）を使用すると、Yahoo！Japan、Google、Bingといった大手検索エンジンの検索順位をキーワード別に簡単に確認できます。

　その他にも、Similarweb（https://www.similar-web.jp/）では、自サイトだけでなく、競合サイトへの訪問者数やページビュー数を確認できます。

　このようなサイト分析ツールを使用することで、データから顧客や訪問者のニーズを判断し、そのニーズに沿ったコンテンツやサービスの展開が可能になります。

Lesson 2 Webサイトへの集客

■ SEO対策で検索エンジンからの訪問を増やす

▰ SEOとは？

　広告費をかけずにWebサイトを集客する方法のひとつがSEO対策です。
　Chapter1でも簡単に触れましたが、SEOとはサイトやページを検索エンジンに多く露出させるためにおこなう「検索エンジン最適化」対策のことをいいます。
　日本の検索エンジンにはYahoo！JapanやGoogleといった企業があります。検索エンジンというと、Yahoo！Japanのことを思い浮かべる方も多いと思いますが、Yahoo！Japanの検索エンジンはGoogleのシステムを借りて運用されています。そのため、実際には**SEO対策というのは「Googleの評価基準にしたがって対策をおこなうこと」**といえます。
　従来から、「他のWebサイトからリンク（被リンク）を多く受けているページが質の高いページである」というGoogleの評価方法があります。そのため、サイトを量産してそれぞれのサイトからリンクを張り巡らせるといった、テクニックとしてのSEOが重視されていたことがありました。
　もちろん現在でも被リンクでの評価方法は重要ですが、以前に比べてサイトやページのコンテンツの質も重要となっています。
　コンテンツの質というのは、ユーザーにとって有益な情報や体験を提供することといわれています。コンテンツの質が高ければ、ユーザーは継続してサイトに訪問したり、自分のブログなどであなたの記事に対してリンクを貼り付けて紹介したりします。そのリンクが自然なものであれば、Googleはリンクを貼られたページをユーザーにとって良質なコンテンツを提供しているページだと認識し、そのページを高く評価します。
　つまり、現在のSEOでは==ユーザーが「リンクを貼って紹介したい」「また訪問したい」と思ってもらえるような有益かつ、他にはないオリジナリティのあるページが検索エンジンに高く評価されるということになります。==
　そのため、小手先のテクニックではなく、自社またはあなたにしか提供できないオリジナリティのある、ユーザーにとって有益なコンテンツを提供していくことが重要です[※1]。

※1
この事は、Googleが2017年12月6日に発表した「医療や健康に関連する検索結果の改善について」にも如実に表れています。医療・健康に関する医学的根拠のない記事を作成していたサイトが検索結果の上位を占めていた状況を、Googleが対応した結果になります。ユーザーにとって何が有益なのか慎重に考えることが大事です。

図 SEOの評価の高い高品質のサイト

SEO対策のメリットとデメリット

SEO対策には広告費がかからないというメリットがあります。その反面、効果が出るまでに時間がかかるデメリットもあります。加えて、検索エンジンからの評価が下がってしまうと、検索結果の順位も下がってしまい、サイトへの訪問者数にも影響が出てしまいます。

SEOに役立つプラグインと施策

次からは、SEOに役立つプラグインと施策について説明します。
「プラグインの使い方よりも、SEO以外の集客方法が知りたい」という方は読み飛ばしてかまいません。

Yoast SEOプラグインを利用したSEO対策

「Yoast SEO」プラグインでは、個別記事のタイトルタグの変更やOGP設定、サイトマップの送信などSEO対策に必要な設定を1つのプラグインでおこなえます。

個別ページのタイトルや説明文を設定する

個別ページにタイトルや説明文を設定できると、検索結果の一覧に、より記事の内容がわかりやすいタイトルや説明文を表示できます。
個別に設定をしない場合は、検索結果には「ページタイトル」「記事の冒頭の文章」が表示されるだけになります。
たとえば、SBクリエイティブの検索結果を見てみましょう。

図 SBクリエイティブのGoogleでの検索結果

上の検索結果は、サイト説明文が設定されているトップページです。下の検索結果は、サイト説明文が設定されていない一般書籍カテゴリーのページです。

上は、サイトがどのようなサイトなのか、説明文ですぐに判断できますね。下は、タイトルで一般書籍のカテゴリーページであることが推測できますが、サイト説明文はページ冒頭のテキストが表示されているだけなので、どんな内容のページなのか理解するのが難しく感じるのではないでしょうか。

こういった場合に、Yoast SEOを使用することで、個別にページにタイトルと説明文を設定できます。ページの内容がわかりやすくなるので、設定をしなかった場合に比べてユーザーに「読んでみたい」と思われる確率（クリック率）が高まります。

個別ページでYoast SEOを表示させる方法は、Yoast SEOプラグインをインストールして有効化するだけです。

1 Chapter8を参考にメニュー「プラグイン」―「新規追加」から、Yoast SEOプラグインをインストール

Check!

Chapter8でプラグイン「All In One SEO Pack」をインストールしている場合は、左のような警告が表示されます。ここでは、Yoast SEOを使用しますのでAll In One SEO Packは停止、またはアンインストールしましょう。

2 メニュー「プラグイン」―「インストール済みプラグイン」をクリック

3 All In One SEO Pack の「停止」をクリック

Check!

プラグインが不要な場合は、「停止」した後で、「削除」を押して完全にアンインストールすることもできます。

4 メニュー「投稿」―「投稿一覧」をクリック

5 「投稿一覧」画面が表示される

6 サイト説明文を設定したい「投稿」をクリック

7 ページ下部にYoast SEOの設定欄が表示されている

8 検索結果に表示される内容がスニペットのプレビューに表示されている

9 検索結果に表示されるタイトルや説明文を編集したい場合「スニペットを編集」ボタンをクリック

Check!

「スニペット」とは、検索エンジンの検索結果に表示されるWebページの要約文です。

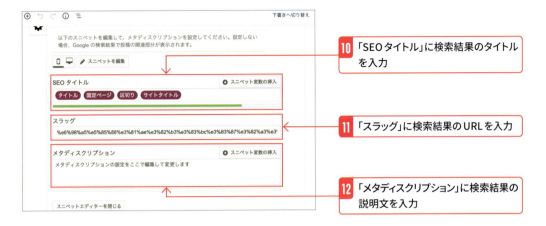

スニペットを編集すると「スニペットのプレビュー」で検索結果のプレビューを確認できます。間違いがないか確認し、最後に画面上の「更新」ボタンをクリックしましょう。

その他ページのタイトルと説明文の設定

次に、トップページやアーカイブページなどのタイトルと説明文を設定しましょう。

1 メニュー「SEO」—「Search Appearance」をクリック

2 「全般」タブをクリック

3 記事タイトルとサイト名を区切るための区切り文字を任意で選択

「Search Appearance」では、その他にもさまざまな設定が可能です。下記を参照して、必要な場合はそれぞれ設定してください。

「Content Types」タブ
投稿や固定ページの設定ができます。

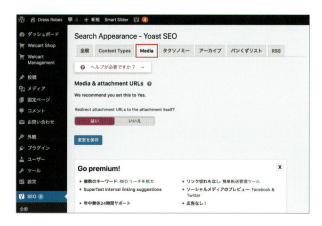

「Media」タブ
添付ファイルページのURLを添付ファイルそのものへリダイレクトする設定ができます。

「タクソノミー」タブ

「カテゴリー」や「タグ」のアーカイブページのタイトルや説明文の設定ができます。

> Check!
> カテゴリーやタグも個別記事の設定が優先されます。

「アーカイブ」タブ

「著者」や「日付別」アーカイブページのタイトルや説明文の設定ができます。

プライバシーポリシーの作成

次の見出しでFacebook OGPの設定をします。

Facebook OGPに使用するFacebook App IDには、公開済みのプライバシーポリシーページを指定しなければなりません。事前にプライバシーポリシーのページを作成しておきましょう。

プライバシーポリシーとは、「運営するサイト上で収集した個人情報をどのように扱うのか」という個人情報の取り扱いについて、Webサイトの運営者や管理者が定めた決まりのことをいいます。

ECサイトのような個人の氏名や住所を収集するサイトは当然ですが、個人の趣味のブログでも、本書で使用するGoogleアナリティクスなどを使用する場合には、アナリティクス側の利用規約で、「プライバシーポリシーにデータ収集のためにCookieを使用していることを必ず記載する」ことが定められています。プライバシーポリシーを公開し、必要事項を適切に記載しましょう。

WordPressではプライバシーポリシーの作成にあたり、雛形を使用できます。本書

では詳しいプライバシーポリシーの記述については省略しますが、雛形に沿って自分のWebサイトに必要な項目を記述していきましょう。

1 WordPressの管理画面を表示し、メニュー「設定」―「プライバシー」をクリック

2 「新規ページを作成」ボタンをクリック

3 プライバシーポリシーの雛形が記載された固定ページが自動で作成される

4 必要なポリシーを記述し、「公開する」ボタンをクリック

5 「公開」ボタンをクリックし、プライバシーページを公開する

FacebookのOGP設定

OGP設定[※2]とは、記事がFacebookやTwitterなどのSNSで共有された時に、タイトルや説明文、アイキャッチ画像などが正しく表示されるように設定する仕組みです。

OGP設定をしない場合、SNS側が自動的に選択したものが表示されてしまうことがあります。意図しない画像や説明文が共有されてしまうのを避けるため、またSNS上での視認性を高めて拡散される確率を高めるためにもOGP設定をおこなうようにしましょう。

また、FacebookでOGPを正しく表示するためには、「Facebook App ID」が必要です。はじめにFacebook App IDを取得してからOGP設定をしましょう。

※2
OGPは略称で、正式名称は「Open Graph Protocol」です。

1 「Facebook開発者ページ（https://developers.facebook.com/）」を表示する

2 Facebookにログイン

3 「マイアプリ」をクリックし表示されるメニューの中の「新しいアプリを追加する」をクリック

4 「新しいアプリIDを作成」画面が表示される

5 「表示名」を入力

6 「連絡先メールアドレス」を入力

7 「アプリIDを作成してください」ボタンをクリック

8 作成したアプリのダッシュボードが開く

9 左メニューの「設定」―「ベーシック」をクリック

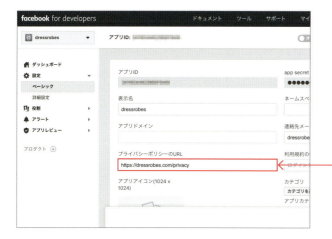

10 「プライバシーポリシーのURL」にプライバシーポリシーを記載しているページのURLを入力

> **Check!**
>
> プライバシーポリシーページはWordPress管理画面の「設定―プライバシー」から作成できます。作成方法はp.232を参照ください。実在しないページではエラーになってしまうので、事前に作成し、公開しておきましょう。

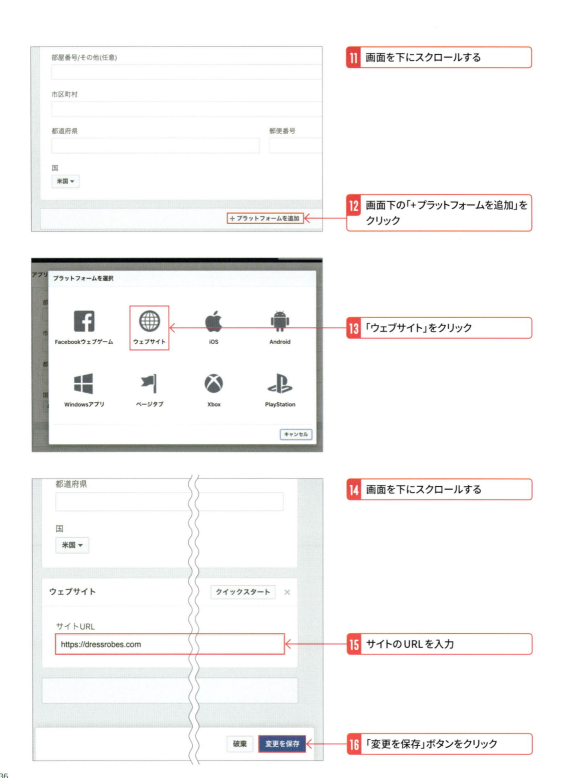

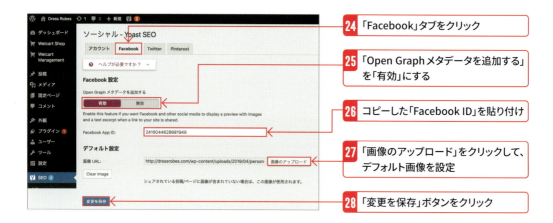

　上記の通りに設定し、FacebookでページのURLを投稿すると、デフォルト画像が下図のように表示されます。

　アイキャッチ画像を設定していないページや、アーカイブページなどのアイキャッチ画像を設定していないページをFacebookで共有した場合に、デフォルトの画像として設定されます。

TwitterのOGP設定

1. 「Twitter」タブをクリック
2. 「Twitter cardのメタデータを追加」を「有効」にする
3. 「変更を保存」ボタンをクリック

Check!
Twitter cardとは、TwitterのOGP設定のことです。

MEMO

Twitterにデフォルト画像を設定する方法

　Yoast SEOではTwitter cardのデフォルト画像を設定できません。しかし、Facebookに設定をしている場合は、Facebookの設定を有効化していない場合でもFacebookのデフォルト画像がTwitter cardでも表示されます。Facebookにデフォルト画像を設定していない場合はTwitter cardでも表示されません。

　TwitterでページのURLを投稿し、意図した表示になっているか確認してみましょう。

リスティング広告を出稿する

リスティング広告とは

リスティング広告とは、Yahoo!JapanやGoogleの検索結果に表示される広告で、**ユーザーが検索したキーワードに対して広告を出稿**できます。**ユーザーが広告をクリックするまでは広告費が発生しない「クリック課金型広告」**であることも特徴です。

図 リスティング広告の例（Google）

Check!
タイトル下に「広告」と表示されているのがリスティング広告です。

リスティング広告を出稿できるサービスは、Yahoo!プロモーション広告やGoogle広告が有名です。

図 Yahoo!プロモーション広告

図 Google広告

リスティング広告のメリットとデメリット

リスティング広告は、ユーザーが、検索エンジンで検索したキーワードに対して広告を作成できます。そのため、**「明確な目的を持ったユーザー」に対してピンポイントでアプローチできる**メリットがあります。

また、安いキーワードであれば1クリック数十円からでも広告の出稿が可能なため、**低コストで手軽にはじめることもできます**[※3]。

デメリットとしては、**広告運用の手間がかかる**ことや、多くの人が検索するような**メジャーなキーワードは単価が高いため広告費が高騰する可能性**があります。また、**ピンポイントなキーワードに対しての出稿のみでは広く認知を図ることが難しい**といった点が挙げられます。

※3
加えて、広告表示の停止や、掲載期間の指定など、細かな設定も可能です。

SNSを利用して口コミやファンを獲得する

SNSを利用した集客方法

SNSとは「ソーシャルネットワーキングサービス」の略で、Facebook、Twitter、Instagram、LINEなどのサービスが有名です。

SNSを利用した集客の方法には主に以下の2つがあります。

1. ユーザーに役立つコンテンツを提供して拡散してもらう

TwitterやFacebookなどで広く拡散されるコンテンツを提供することで口コミ効果をはかり、サイトやブログの存在を広く認知してもらいます。オリジナリティの高いコンテンツであればあるほどサイトの印象を強く残せます。

図 ユーザーに拡散してもらい集客

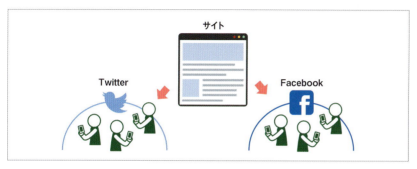

ただし、「炎上マーケティング」には注意してください。口コミを得たいがために社会的に非難を集める記事、ユーザーを欺く記事を拡散して注目を集めるといった行為は、ブランドを毀損してしまう要因にもなりかねませんので避けるべきです。

2. 情報提供やコミュニケーションによってファンを獲得する

ユーザーにとって有益なコンテンツを作成していれば、それだけでもファンを獲得することは難しくありません。コンテンツがユーザーの求めているものであることはもちろん、自社のユニークな事業や、著者の面白みのある人間性などがファンを引き寄せるからです。

そこにさらに、フォロワーとのコミュニケーションを積極的に取り入れることによって、フォロワーにファンになってもらうといった施策も有効です[※4]。

※4
商品を扱っている会社などであれば、ファンを取り込んで拡散するのもひとつの手法となります。自社の商品を抽選で提供したり、イベントを開催して、ファンにSNSで拡散してもらうなどの方法があります。詳しく知りたい方は「インフルエンサー」「アンバサダー」などのキーワードで検索してみましょう。

図 **ファンを獲得して集客**

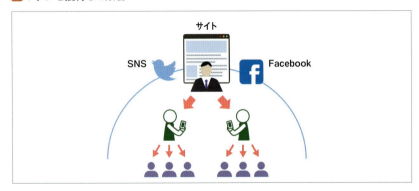

SNSの利用者層

SNSを集客ツールとして利用する際には、各SNSの利用者の年齢や性別を元に活用しましょう。

総務省情報通信政策研究所がおこなった「情報通信メディアの利用時間と情報行動に関する調査」によると、LINEやYoutubeは調査対象のうち10～50代までの半数以上に利用されています。幅広い年代にアプローチをしたい時にはこれらのSNSを活用すると良いでしょう。

ページへSNSボタンを設置して記事を拡散してもらう

　ページ内にSNSボタンを設置しておけば、ユーザーはお気に入りのページをFacebookやTwitterなどにすぐに投稿できます。

　WordPressのテーマによってはSNSボタンがはじめから準備されているテーマもありますが、テーマに用意されていなくてもプラグインを利用してSNSボタンを簡単に設置できます。

　ここでは、プラグインを利用してSNSボタンをページに設置する方法を説明します。プラグインには、一部日本語化もされている「WP Social Bookmarking Light」を使用しましょう。

1 メニュー「プラグイン」—「新規追加」から、「WP Social Bookmarking Light」をインストール、有効化する

　プラグインを有効化したら、ブログページなどを表示してSNSボタンが表示されていることを確認しましょう。なお、デフォルトで表示されるSNSボタンは「はてなブックマーク」「Facebook」「Twitter」「Pocket」です。

> **Check!**
> ボタンの種類や表示場所などを変更したい場合は、メニュー「設定」—「WP Social Bookmarking Light」をクリックして表示される画面で変更できます。

アフィリエイト広告を出稿する

アフィリエイト広告とは

　アフィリエイト広告とは、<mark>自社の商品やサービスを不特定多数のWebサイトで宣伝してもらうことで販売や集客につなげる</mark>広告の仕組みです。

　アフィリエイト広告は一般的に、商品やサービスが購入された場合に、成果が発生したWebサイトに対して報酬を支払う「成果報酬型」の広告となります。

　広告の出稿には、ASP（アフィリエイト・サービス・プロバイダー）に登録をしなければなりません。ASPを利用せずに自社でアフィリエイトシステムを構築することもできますが、<mark>コストに見合う効果が見込めるまではASPを仲介するほうが良いでしょう</mark>。また、大手のASPであれば認知度も高いため、より優良な媒体に掲載してもらえる確率も高くなります。

　主要なASPには以下のような企業があります。

図 A8.net

URL https://www.a8.net/

図 バリューコマース

URL https://www.valuecommerce.ne.jp/

アフィリエイト広告のメリットとデメリット

　アフィリエイト広告のメリットは、成果報酬型の広告であるため、<mark>成果が発生するまでは商品に対する広告費（初期費用や月額費用を除く）がかからない</mark>ことが挙げられます。低予算でもはじめられるので<mark>「予算をかけて広告を打ったが全然売れなかった」といったリスクもほとんどありません</mark>。

　デメリットは、**広告が媒体に認知され、掲載されてから成果が発生するまでに一定の時間がかかること**です。広告を掲載してくれる媒体を販売パートナーと考え、長期的に良好な関係を築くことも重要になります[5]。

※5
ASPに登録しても、広告を掲載してくれる媒体（アフィリエイター）がいなければ、広告掲載されることはありません。掲載されるためにどのように工夫するか、サイトのジャンルも踏まえて考えなければなりません。

SNS広告を出稿する

SNSはファンや顧客との関係を深める目的以外にも、認知度を向上させることを目的として広告を出稿することもできます。

SNSの広告サービスには以下のものがあります。

表 SNSの広告サービス

名　前	説　明
Facebook広告	Facebookのサイトやアプリ内に広告を掲載できます。
Twitter広告	Twitterのタイムラインなどに広告を掲載できます。
Instagram広告	InstagramはFacebookの子会社であるため、Facebook広告を利用してInstagramにも広告を配信できます。
LINE Ads Platform	LINEタイムライン、LINE NEWSなどに広告を掲載できます。

Check!
各SNSのユーザーの属性に応じて広告配信先などを決めてください。

メルマガを配信する

メルマガ（メールマガジン）は、サイト運営者からメルマガ購読者に対して継続的に送信されるメールのことをいいます。

サイトのコンテンツが有益であれば、訪問したユーザーは、継続的に新着のお知らせやキャンペーン情報などを受け取るためにメールマガジンに登録します。既存客へのフォローの他にも、一度訪問しただけでは購買にいたらなかった見込み客をファンにして自社の顧客になってもらえます。

メルマガの配信は、メルマガ配信サービスやシステムを利用するのが一般的ですが、WordPressではプラグインを利用してメルマガを配信できます。

プラグインでは「MailPoet Newsletters」がおすすめです。ステップメール[※6]配信が可能です。

※6
段階的にメールを送信できるメールのことです。メルマガは最新の情報をメールで送りますが、ステップメールは少々異なります。例えば、会員登録する、あるいは資料のダウンロードをするなど、何らかのアクションを行ったユーザーに対して状況に応じたメールを送ります。

図 「MailPoet Newsletters」プラグイン

Lesson 3 Webサイトの状況を分析する

サイトへ集客ができても、「どれくらいの数の訪問者がいるのか」「訪問者がどういった行動をしているのか」といったことを分析できなければ、ザルに水を注いでいるのと同じことになってしまいます。訪問者をしっかりと理解するためにも、サイトの分析はなるべく定期的におこなうようにしましょう[1]。

サイトを分析するためのツールには、検索エンジン会社のGoogleが提供しているGoogleアナリティクスを使用するのが良いでしょう。高機能な分析ツールを無料で使用できます。

ここでは、プラグインを利用したGoogleアナリティクスの導入方法について説明します。

※1
分析をおこなうことで例えば、どの商品ページのアクセスが多いのか、ユーザー数はどのぐらいなのか、などがわかります。アクセスが多いのに売れない商品の分析や、アクセスが少ない商品をどのように宣伝するのかなどの対策を講じることが可能になります。

■ Googleアナリティクスへの登録（Googleアカウントの作成）

1 https://marketingplatform.google.com/about/analytics/ にアクセス

2 「無料で利用する」ボタンをクリック

3 Googleアカウントを持っている場合はログイン→「Googleアナリティクスでプロパティを作成する」(p.249)へ
持っていない場合はアカウントを作成をクリック

4 項目を入力して「次へ」ボタンをクリック

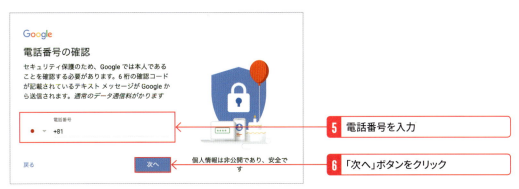

5 電話番号を入力

6 「次へ」ボタンをクリック

7 届いた確認コードを入力

8 「確認」ボタンをクリック

9 項目を入力し「次へ」ボタンをクリック

10 「はい、追加します」をクリック

Check!

電話番号をその他の目的で使用したくない場合は「スキップ」ボタンをクリックしてください。

11 「同意します」ボタンをクリック

12 Googleアカウントが作成される

Check!

Googleアカウントの作成時、本書で記載している画面が表示されなかったり、内容が異なる場合があります。その場合は、画面に従って操作していきましょう。

Googleアナリティクスでプロパティを作成する

　Googleアナリティクスでいう「プロパティ」とは、Webサイトやモバイルアプリのことです。プロパティを作成すると、Webサイトやモバイルアプリなどの単位でデータを計測できます。さきほど作成したGoogleアカウントでログインして、Googleアナリティクスにアクセスしましょう。

1 Googleアナリティクスにアクセス
https://analytics.google.com

2 「登録」ボタンをクリック

3 「新しいアカウント」画面が表示される

6 「Googleアナリティクス利用規約」が表示される

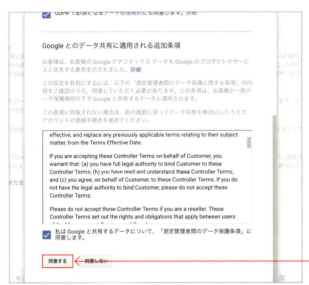

7 内容を確認し、「同意する」ボタンをクリック

　以上の操作でGoogleアナリティクスへの登録とプロパティの作成が完了しました。Googleアナリティクスの解析管理画面が表示されますが、ひとまず置いておき、WordPressの管理画面を開きましょう。

GoogleアナリティクスとWordPressを関連付ける

　WordPressサイトをGoogleアナリティクスで解析できるように関連付けます。関連付けるには、プラグイン「Google Analytics for WordPress by MonsterInsights」を使用します。WordPressの管理画面を開きましょう。

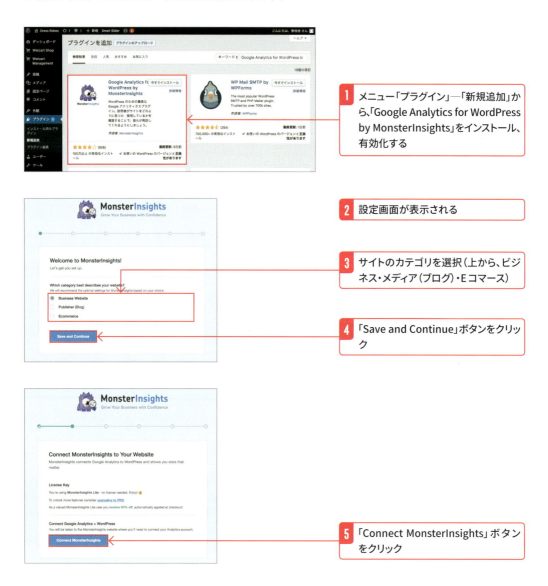

1 メニュー「プラグイン」―「新規追加」から、「Google Analytics for WordPress by MonsterInsights」をインストール、有効化する

2 設定画面が表示される

3 サイトのカテゴリを選択（上から、ビジネス・メディア（ブログ）・Eコマース）

4 「Save and Continue」ボタンをクリック

5 「Connect MonsterInsights」ボタンをクリック

6 Googleにログインする

7 プラグインによるGoogleアカウントへの操作の許可を求める画面が表示される

8 「許可」ボタンをクリック

9 P.249で作成したプロパティが表示される

10 「Complete Connection」ボタンをクリック

11 認証が完了するとWordPressの設定画面が表示される

12 「Google認証」に「Active Profile: プロパティのトラッキングID」と表示されていることを確認する

13 「変更を保存」ボタンをクリック

設定できたら、Googleアナリティクスがサイトを正しく解析していることを確認します。

ブラウザを開いて解析の対象にしているサイトにアクセスしてください。この時の注意点ですが、現在のプラグインの設定では管理者ユーザーのアクセスを無視する設定になっています。一度**ログアウトしてアクセスするか、ログインしていないブラウザを起動してアクセスしましょう。**サイトにアクセスしたら、Googleアナリティクスを開き、解析結果を確認しましょう。

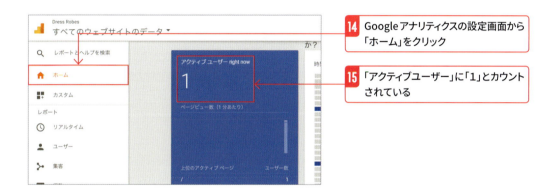

14 Googleアナリティクスの設定画面から「ホーム」をクリック

15 「アクティブユーザー」に「1」とカウントされている

あなたのアクセスが「アクティブユーザー」に「1」とカウントされており、正常に解析されているのが確認できます。

Googleアナリティクスではアクティブユーザー以外にも、アクセスしたユーザーの住所や言語、アクセスユーザー数、滞在期間や離れたページなどの情報がわかります。このようなさまざまな情報を元に、サイトの分析をおこないましょう。

Google アナリティクスの画面の見方をより詳細に説明

アフィリエイトやEコマースサイトの分析に必要なGoogleアナリティクスの画面の見方を簡単に説明します。

Googleアナリティクスを利用した解析方法は多岐に渡りますが、すべてを説明してしまうと、それだけで書籍が一冊書けてしまうほどのボリュームです。具体的な解析方法については専門書をご覧ください。

リアルタイムレポート

メニュー「リアルタイム」－「概要」から表示できます。リアルタイムレポートでは、「現在何人のユーザーが、サイト内のどのページに、どの地域やどの流入元からアクセスしているのか」を知れます。

たとえば、メディアで自社の商品が紹介された場合には、情報の公開とともにアクティブユーザー数が急増するなど、反響の大きさをリアルタイムに確認できます。

オーディエンスレポート

メニュー「オーディエンス」－「概要」から表示できます。ユーザーレポートでは、「どんなユーザーがサイトを訪問したのか」を知れます。

ユーザーサマリーに表示されている各指標の見方は、次ページの表の通りです。

表 ユーザーサマリーの各指標

項目	説明
ユーザー	特定の期間内にサイトを訪問したユーザーの数です。
新規ユーザー	特定の期間内にはじめてサイトを訪問したユーザーの数です。
セッション	ユーザーがサイトに訪問してから離脱するまでの一連の行動をあらわす指標です。たとえば1人のユーザーが朝と夜にサイトを訪問した場合には、ユーザー数は1ですが、セッション数は2とカウントされます。
ページビュー数	サイト内のページが表示された回数です。1人のユーザーがサイト内のページを3ページ訪問した場合には、ページビュー数は3とカウントされます。
ページ/セッション	1セッションあたりのページビュー数です。
平均セッション時間	1セッションあたりの平均滞在時間です。ユーザーがサイトを訪問してから離脱するまでに、サイト内にどれくらいの時間滞在していたのかを示す指標です。
直帰率	サイトを訪問したユーザーが、最初の1ページを見て離脱した割合を示しています。直帰率が高いほどページのコンテンツの価値が低いと考えられるため、直帰率を下げる施策が必要になります。

集客レポート

メニュー「集客」—「概要」から表示できます。集客レポートでは、「ユーザーが、どのような経路でサイトにアクセスしたのか」を知れます。

表示されている流入元の種類は、下表の通りです。

表 ユーザーの流入経路の種類

項目	説明
Organic Search	GoogleやYahooなどの検索エンジンで検索した結果からの流入です。
Display	ウェブサイトなどに表示されているバナー広告からの流入です。
Direct	ユーザーがブラウザのお気に入りやアドレスバーに直接URLを入力してサイトに訪問した場合に設定されます。
Referral	個人ブログなどの、他サイトに掲載されているリンクからの流入です。
Paid Search	検索エンジンに表示されているテキスト広告からの流入です。
Social	FacebookやTwitterなどのSNSからの流入です。
Affiliates	アフィリエイト広告からの流入です。

行動レポート

メニュー「行動」―「サイトコンテンツ」―「すべてのページ」から表示できます。行動レポートでは、「訪問したユーザーがサイト内でどのような動きをしたのか」を知れます。

左図に表示されている「平均ページ滞在時間」や「直帰率」を確認して、直帰率が高いページのコンテンツを改善するなどの施策を図ります。

コンバージョンレポート

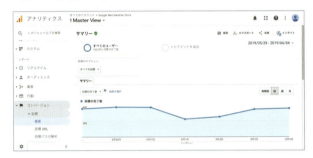

メニュー「コンバージョン」―「目標」―「概要」から表示できます。コンバージョンとは、商品の購入や資料請求など、サイトを訪問したユーザーにして欲しい行動（目標）が目的通りに達成できたことをあらわす言葉です。コンバージョンレポートでは、「サイトに設定した目標の完了数や達成率など」を知れます。

ECサイトの場合は「商品の購入」、ブログなどのメディアサイトの場合には「5ページ以上の訪問」などの目標を設定して達成率を計測し、サイトや売上の改善に役立てます。

Google Search Consoleへの登録

　Google Search Consoleは、ユーザーが検索してサイトを訪問した時の検索キーワードや、検索結果に表示されたコンテンツのクリック率などを調べられるツールです。

　Googleアナリティクスだけでは、「ユーザーがどのようなキーワードでホームページへ訪問したのか」や「検索結果にコンテンツがどれくらい表示され、またクリックされたのか」といった情報を調べられません。

　どのようなキーワードでユーザーがサイトへアクセスしているのかを知ることは、コンテンツの改善や競合との差別化のためには欠かせません。

　Google Search Consoleを使用することでGoogleアナリティクスだけではできなかった、より深いサイト分析が可能になります。

Google Search Consoleにプロパティを作成する

1 Google Search Consleにアクセス（https://search.google.com/search-console/about?hl=ja）

2 「今すぐ開始」ボタンをクリック

> Check!
> Googleへのログイン画面が表示される場合はログインしましょう。

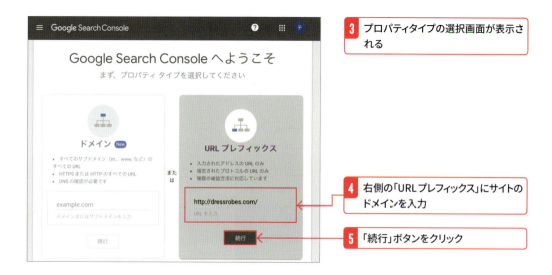

3 プロパティタイプの選択画面が表示される

4 右側の「URLプレフィックス」にサイトのドメインを入力

5 「続行」ボタンをクリック

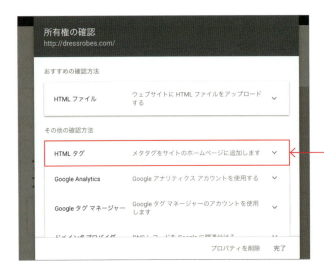

6 「所有権の確認」画面が表示される

7 「その他の確認方法」の「HTMLタグ」をクリック

8 `<meta name="google-site-verification" content="○○○">`の○○○（認証ID）をコピー

> Check!
> この時点では「確認」ボタンはまだ押さないでください。

9 メニュー「外観」―「カスタマイズ」をクリックして、カスタマイザーを開く

10 「Google Search Console」をクリック

11 Search Consoleでコピーした認証IDを入力欄に貼り付け

12 「公開」ボタンをクリック

13 「確認」ボタンをクリック

14 所有権が確認された旨のメッセージが表示される

15 「プロパティに移動」をクリック

これでGoogle Search Consoleへの登録は完了です。

XMLサイトマップの送信

　XMLサイトマップとは、検索エンジンにサイト内のページの構成を正しく伝えるための仕組みです。

　XMLサイトマップを設定することで検索エンジンのクローラーが効率よくサイト内を巡回できるため、SEO対策にも役立ちます。XMLサイトマップの検索エンジンへの送信には、Google Search Consoleを利用します。

MEMO

XML サイトマップのリンク先がエラーになってしまう場合の対処法

XMLサイトマップをクリックしても、前ページの画像のようなページが表示されないことがあります。

その場合は、メニュー「SEO」―「全般」をクリック、表示された画面の「機能」タブをクリックして「XML sitemaps」を一度Offにし、保存してから、再度Onにしましょう。

Yoast SEOが生成するサイトマップには以下のような種類があります。

- post-sitemap.xml　　　　投稿のサイトマップ
- page-sitemap.xml　　　　固定ページのサイトマップ
- category-sitemap.xml　　カテゴリーのサイトマップ

すべてを送信したい場合は、各サイトマップをSearch Consoleへ登録しましょう。

XMLサイトマップの送信

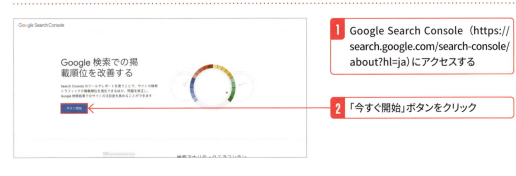

1. Google Search Console（https://search.google.com/search-console/about?hl=ja）にアクセスする
2. 「今すぐ開始」ボタンをクリック

3. プロパティの管理画面が表示される
4. 「サイトマップ」をクリック

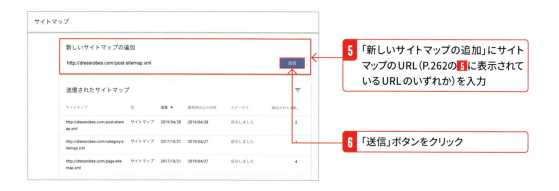

同じように、カテゴリーや固定ページのサイトマップも送信しましょう。

Chapter 11

Webサイトを安全に運用する

Webサイトを安全に運用する
便利なプラグインを紹介します。
Webサイトが危険にさらされないように努めましょう。

Lesson 1　WordPressのアップデート
Lesson 2　パスワードの管理
Lesson 3　2段階認証
Lesson 4　WordPressデータのバックアップ

Lesson 1 WordPressのアップデート

　Chapter4でも触れましたが、WordPressのアップデート（更新）には、プログラムの不具合や脆弱性（安全上の欠陥）を修正したものが含まれます。特にセキュリティに関わるバージョンが公開されている場合には、すぐにアップデートをおこなうようにしましょう。セキュリティに問題があるWordPressを使用し続けてしまうと、不正にサーバーへアクセスされたり、Webサイトが改ざんされたりといった危険性があります。

　WordPressのアップデート方法はp.68の「WordPressを最新バージョンへ更新する」を参考にしてください。

　そして、WordPressをアップデートする前には、このChapterで導入する「UpdraftPlus WordPress Backup Plugin」などのプラグインを使用して**アップデートの前に必ずバックアップを取りましょう。**バックアップがあれば万が一アップデートでWordPressに不具合が発生した時でも、すぐに以前の状態に復元できます。

　また、WordPress 4.8以降の4.8.1や4.8.2など、バージョン番号にドット.が2つ付いているアップデート[※1]では、設定をOFFしない限り自動でアップデートが実行されます。自動アップデートがあることでセキュリティリスクや重要な不具合がそのまま放置され続けることなく解消されるので、設定をOFFにせずにそのまま利用するのが良いでしょう。自動アップデートを停止することもできますが、その場合はWordPress本体のファイルにコードを記述しなければなりません。

　マイナーアップデートのアップデート内容は機能の変更などはなく、不具合の修正が主になります。そのため、テーマやプラグインで不具合が発生するということは考えにくいですが、心配な場合はバックアップを定期的にとっておきましょう。

　バージョン番号が3.9や4.9など、ドットが1つのバージョンのアップデート[※2]は、機能の追加などがおこなわれます。この際は自動アップデートはおこなわれず、手動でのアップデートが必要なので、忘れずにおこないましょう。

※1
マイナーアップデートといいます。

マイナーアップデート
バージョン4.8.1
バージョン4.8.2
（※番号にドットが2つ）
↓
自動更新

※2
メジャーアップデートといいます。

メジャーアップデート
バージョン3.9
バージョン4.9
（※番号にドットが1つ）
↓
手動更新を忘れずに！

Lesson 2 パスワードの管理

　WordPressの安全性を高めるもっとも簡単な方法として、パスワードを推測されにくい複雑なものに変更することが挙げられます。

　ユーザー名やメールアドレスなどの情報を含まずに、英数字や記号、大文字、小文字などを使い分けて決めましょう。

　WordPressには強力なパスワードを自動で生成してくれる機能があるので、自分でパスワードを決めるのが心配な場合などに利用しましょう。

1 メニュー「ユーザー」─「あなたのプロフィール」をクリック

2 「プロフィール」画面が表示される

3 ページ下部の「アカウント管理」の「パスワードを生成する」ボタンをクリック

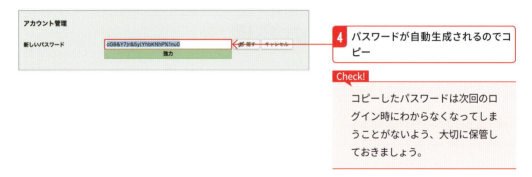

4 パスワードが自動生成されるのでコピー

Check!
コピーしたパスワードは次回のログイン時にわからなくなってしまうことがないよう、大切に保管しておきましょう。

5 画面下の「プロフィールを更新」ボタンをクリック

次回のログインからは，生成した新しいパスワードでログインしてください。

Lesson 3　2段階認証

WordPressに不正にログインされるのを防ぐため、プラグインを利用して2段階認証[※1]を利用しても良いでしょう。

2段階認証の設定には「Two-Factor」プラグインを使用します。設定も簡単で、ユーザーごとに認証の設定ができます。

※1
2段階認証とは、通常のアカウント名とパスワードの確認の他に、セキュリティコードによる認証をおこなう仕組みです。2段階認証を設定することによりサイトの安全性を高められます。

1　メニュー「プラグイン」—「新規追加」から、「Two-Factor」をインストールし、有効化

2　メニュー「ユーザー」—「ユーザー一覧」をクリック

3　2段階認証を設定したいユーザーにカーソルを合わせる

4　「編集」をクリック

5 「ユーザーを編集」画面が表示される

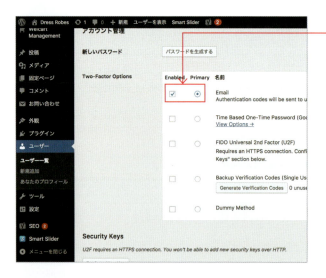

6 下にスクロールし、「Two-Factor Options」で「Email」の項目の「Enabled」にチェックし、「Primary」を選択

Check!

EmailをEnabledにすることで、ユーザーが登録しているメールアドレスに認証用コードが送信されます。メールでの認証の他にもアプリを利用した認証なども可能です。

7 「ユーザーを更新」ボタンをクリック

以上で2段階認証の設定は完了です。認証機能が正しく動いているか確認するために、一度ログアウトして、2段階認証を設定したユーザーでログインしてみましょう。

8　管理画面右上の「こんにちは、○○さん」にカーソルを合わせる

9　「ログアウト」をクリック

10　ログイン画面が表示される

11　ログイン情報を入力、「ログイン」ボタンをクリック

12　認証コード入力画面が表示される

13　メールアドレスに認証コードが送付されるので、メールを受け取り、認証コードをコピーして「Verification Code:」に貼り付け

14　「Log in」ボタンをクリック

　この手順で管理画面にログインできることを確認しましょう。

Lesson 4 WordPressデータのバックアップ

　バックアップとは万が一の場合に備えて、全てのデータを予備として保管しておくことをいいます。もし何らかの理由によってWordPressサイトが消えてしまったり、何者かによって改ざんされてしまっても、バックアップがあればすぐに復元できます。

　WordPressのバックアップは頻繁にするよう心がけましょう。

　本書では、「UpdraftPlus WordPress Backup Plugin」プラグインを使用したバックアップの方法を説明します。簡単に設定ができて、定期的にバックアップを実行する機能を持っているので便利です。

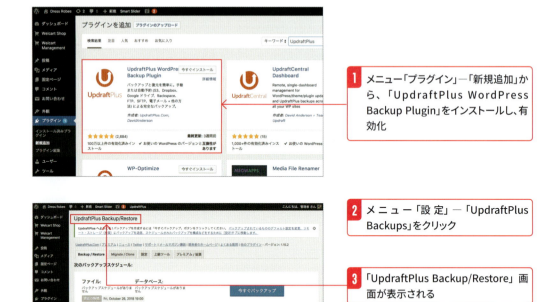

1 メニュー「プラグイン」―「新規追加」から、「UpdraftPlus WordPress Backup Plugin」をインストールし、有効化

2 メニュー「設定」―「UpdraftPlus Backups」をクリック

3 「UpdraftPlus Backup/Restore」画面が表示される

　UpdraftPlus WordPress Backup Pluginでのバックアップと復元は、この「UpdraftPlus Backup/Restore」画面からおこないます。

■ 手動でバックアップを作成

1 「Backup/Restore」タブをクリック

2 「今すぐバックアップ」ボタンをクリック

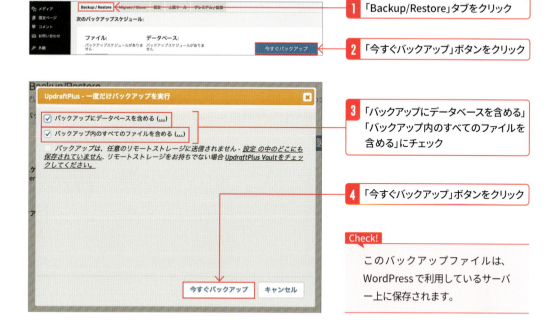

3 「バックアップにデータベースを含める」「バックアップ内のすべてのファイルを含める」にチェック

4 「今すぐバックアップ」ボタンをクリック

Check!
このバックアップファイルは、WordPressで利用しているサーバー上に保存されます。

5 メッセージ「バックアップを開始しています…」が表示される

6 「最後のログメッセージ」に「バックアップは成功し完了しました。」が表示されたら、バックアップ完了

その他のバックアッププラグイン

　WordPressのバックアップや復元ができるプラグインには、UpdraftPlusの他にもいくつかあります。プラグインを選ぶ時のポイントとして、以下が挙げられます。

- 日本語で使用できるか
- 復元が簡単にできるか
- 無料で利用できるか
- 自動で実行できるか

　バックアップから復元まで無料かつ自動でできる点ではUpdraftPlusがおすすめです。さらに有料版にアップグレードすることで、アドオンと呼ばれる拡張機能を使用できたり、操作に関するサポートを受けられます。
　UpdraftPlus以外でのおすすめのプラグインには、「All-in-One WP Migration」があります。ワンクリックでWordPressデータのバックアップと復元ができるので、他のプラグインよりも操作が簡単です。ただし、無料版では以下のデメリットがあります。

- クラウドストレージにデータを保存できない
- 自動バックアップができない
- 一定の容量を超えたデータの復元ができない

　これらのデメリットは有償にすることで解決できます。

自動でバックアップを作成

手動ではなく、自動で定期的に実行するように設定してみましょう。定期的にバックアップを取ることで、問題が起こった時に「最新のバックアップを取り忘れていて古いデータしか残っていない！」という事態を避けられます。

ここでは1週間ごとにバックアップを取るように設定します。

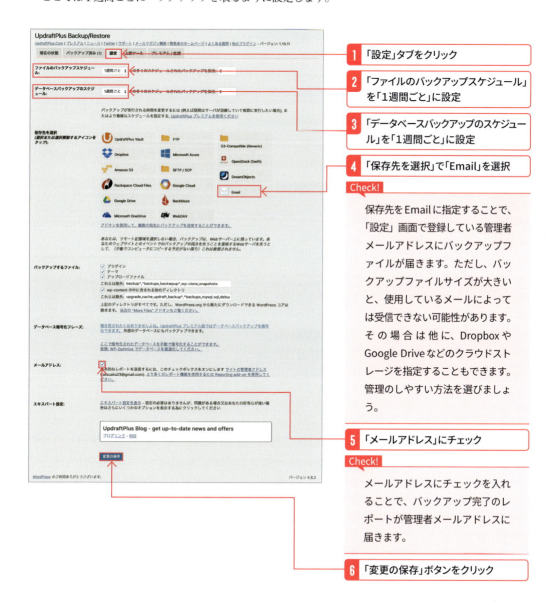

1 「設定」タブをクリック

2 「ファイルのバックアップスケジュール」を「1週間ごと」に設定

3 「データベースバックアップのスケジュール」を「1週間ごと」に設定

4 「保存先を選択」で「Email」を選択

Check!
保存先をEmailに指定することで、「設定」画面で登録している管理者メールアドレスにバックアップファイルが届きます。ただし、バックアップファイルサイズが大きいと、使用しているメールによっては受信できない可能性があります。その場合は他に、DropboxやGoogle Driveなどのクラウドストレージを指定することもできます。管理のしやすい方法を選びましょう。

5 「メールアドレス」にチェック

Check!
メールアドレスにチェックを入れることで、バックアップ完了のレポートが管理者メールアドレスに届きます。

6 「変更の保存」ボタンをクリック

7 メッセージ「設定を保存しました」が表示される

Check!
Emailを保存先に指定した場合は、メールで届いたバックアップファイルをダウンロードし、大切に保管しておきましょう。

■ バックアップからWordPressデータを復元

1 メニュー「設定」―「UpdraftPlus Backups」をクリック

2 「UpdraftPlus Backup/Restore」画面が表示される

3 「Backup/Restore」タブをクリック

4 復元したいバックアップデータの「復元」ボタンをクリック

Check!
上記は手動でバックアップを作成した場合（WordPressのサーバーにバックアップした場合）の復元方法です。自動でバックアップを作成し、保存先にEmailや各クラウドサービスを選択した場合は、**4**「「Backup/Restore」タブをクリック」の次に「復元」ボタン右横の「Upload」ボタンをクリックして、バックアップファイルをアップロードし、「復元」ボタンをクリックしてください。同様に復元が可能です。

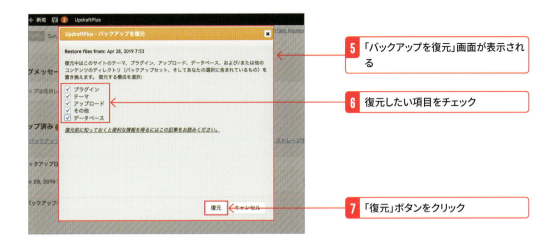

下画面のように、「Restore successful!」と表示がされれば、正しく復元が完了しています。

付録

Appendix1 1 無料レンタルサーバーによるWordPressサイトの構築

Appendix 1 無料レンタルサーバーによるWordPressサイトの構築

無料レンタルサーバーでWordPressサイト構築

　無料のレンタルサーバー「スターサーバーフリー」を利用してWordPressサイトを構築する方法を紹介します。

　無料レンタルサーバーでは、サイトの閲覧時に広告が表示されるのが普通ですが、「スターサーバーフリー」ではパソコンからの閲覧であれば広告が入らないというメリットがあります。

1 スターサーバーフリー（https://www.star.ne.jp/free/）にアクセス

2 「今すぐ始める」をクリック

3 「スターサーバー申込フォーム」が表示される

4 「新規会員登録」ボタンをクリック

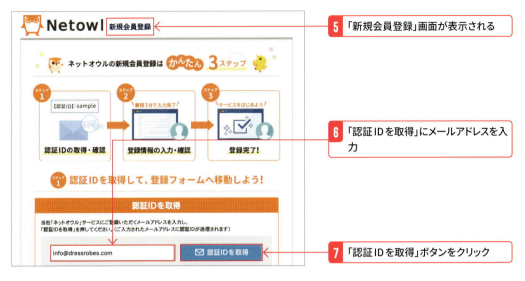

5 「新規会員登録」画面が表示される

6 「認証IDを取得」にメールアドレスを入力

7 「認証IDを取得」ボタンをクリック

8 受信した認証IDを入力し、「登録フォームへ移動」ボタンをクリック

9 登録情報を入力して、「確認画面へ」ボタンをクリック

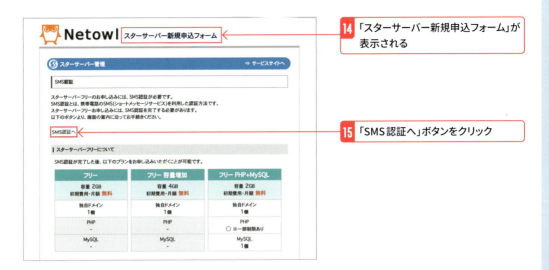

14 「スターサーバー新規申込フォーム」が表示される

15 「SMS認証へ」ボタンをクリック

16 「電話番号」を入力

17 「確認コード送信」ボタンをクリック

18 SMSで受信した確認コードを「確認コード」に入力

19 「確認する」ボタンをクリック

20 SMS認証画面が表示される

21 「『スターサーバーフリー』お申し込みフォームへ」をクリック

22 「フリー PHP+MySQL」プランの「お申込み」をクリック

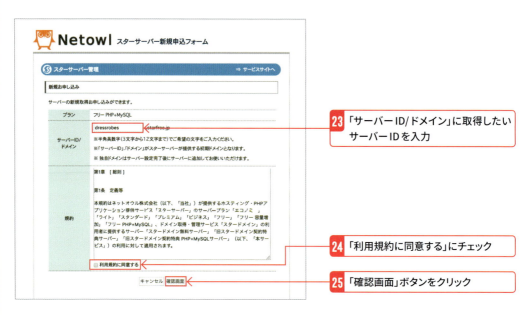

23 「サーバーID/ドメイン」に取得したいサーバーIDを入力

24 「利用規約に同意する」にチェック

25 「確認画面」ボタンをクリック

26 「選択したプランで申し込む」をクリック

27 新規お申込み完了画面が表示される

Check!

サーバーの設定の完了は、基本は1時間以内に終わりますが、24時間ほどかかる場合もあるようです。設定完了メールが到着するまで待ちましょう。

28 サーバー設定の完了通知が届いたら「メンバー管理ツール」の「無料プラン管理」をクリック

29 「サーバー管理ツール」をクリック

Appendix 1：無料レンタルサーバーによるWordPressサイトの構築

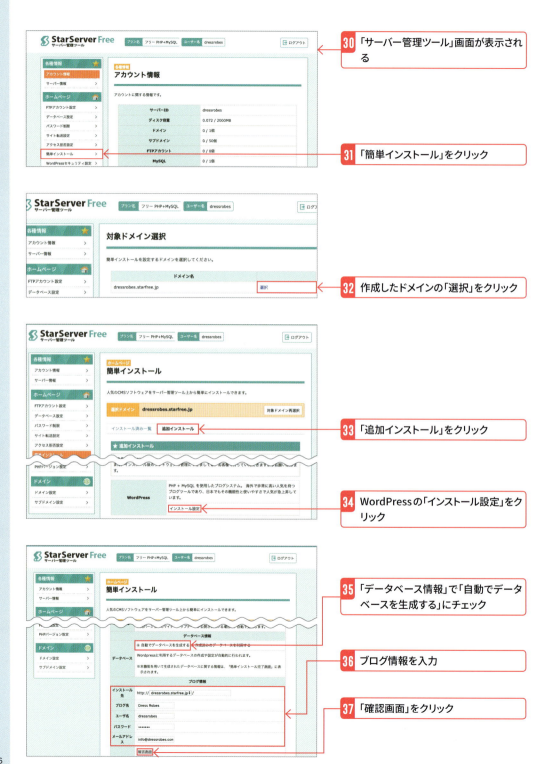

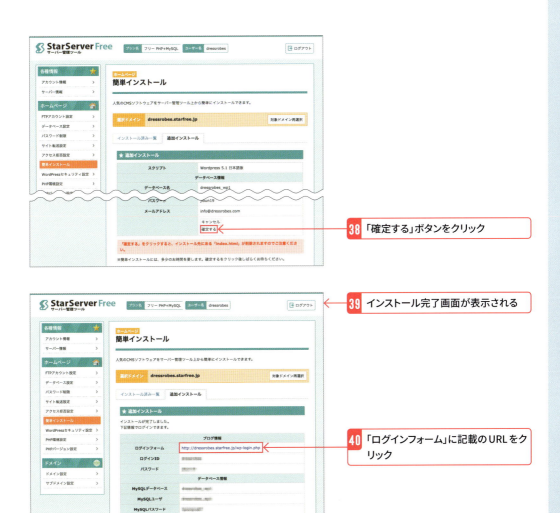

38 「確定する」ボタンをクリック

39 インストール完了画面が表示される

40 「ログインフォーム」に記載のURLをクリック

以下画面のように、WordPressのログインフォームにアクセスできることを確認しましょう。

INDEX

数字

1ページ型サイト ……………………… 12, 105
    Aboutの設定 ……………………………… 111
    Contactの設定 …………………………… 117
    Galleryの設定 …………………………… 114
    Heroの設定 ……………………………… 109
    Video Liteboxの設定 …………………… 113
    設定 ……………………………………… 107
    ダウンロード …………………………… 107
2段階認証 …………………………………… 269
404ページ …………………………………… 74

A

All in One SEO Pack ……………………… 173
All-in-One WP Migration ………………… 274
ASP ……………………………………… 18, 244

B

Breadcrumb NavXT ……………………… 189

C

CMS ………………………………………… 12
Contact Form7 …………………………… 182

D

DNSサーバー ……………………………… 41

G

Google Analytics for WordPress by MonsterInsights
    …………………………………………… 252
Google Maps APIキー …………………… 175
Google Search Console ……………… 223, 259
    プロパティ作成 ………………………… 259
Googleアカウントの作成 ………………… 246

Googleアナリティクス ……………………… 223, 246

 Google Search Consoleとの関連付け ………… 259

 登録 …………………………………………… 246

Googleコード ……………………………………… 247

I

Image Uploader for Welcart ……………………… 213

M

MailPoet Newsletters ……………………………… 245

O

OGP設定 …………………………………………… 233

 Facebookの設定 ……………………………… 233

 Twitterの設定 ………………………………… 239

P

PHPコード ………………………………………… 185

S

SEO ……………………………… 15, 21, 188, 222

SEOタイトル ……………………………………… 229

Smart Slider 3 …………………………………… 193

SNS ………………………………………… 222, 241

SNS広告 …………………………………………… 245

SNSボタン ………………………………………… 243

T

Two-Factor ……………………………………… 269

U

UpdraftPlus WordPress Backup Plugin ……… 266, 272

W

Welcart ……………………………………… 82, 200

 オンラインマニュアル ……………………… 200

 会員登録 ……………………………………… 217

 会員リスト …………………………………… 219

 管理メニュー　の構成 ……………………… 201

支払方法の設定 ……………………………… 208

受注リスト ………………………………… 219

代行業者決済 ……………………………… 208

配送設定 …………………………………… 206

メールアドレスの設定 ……………………… 207

メール設定 ………………………………… 209

What's New Generator …………………… 190

WHOIS公開情報 ……………………………… 28

WordPress

 アップデート ……………………………… 68

 インストール ……………………………… 48

 管理画面 ………………………………… 51, 53

 管理画面の構成 …………………………… 55

 管理画面へのログイン …………………… 53

 自動アップデート ……………………… 266

 バックアップ …………………………… 272

  自動でバックアップ作成 …………… 275

  手動でバックアップ作成 …………… 273

  復元 …………………………………… 276

 ページ構成 ……………………………… 120

WordPress Codex ……………………………… 16

WP Social Bookmarking Light …………… 243

X

XMLサイトマップ ………………………… 262

 設定 ……………………………………… 263

 送信 ……………………………………… 263

Y

Yoast SEO ………………………………… 225

 スニペット ……………………………… 228

あ

アイキャッチ画像 ………………………… 136

 設定 ……………………………………… 136

アクセスマップの作成 ……………… 144, 175

アフィリエイト ……………… 16, 18, 222, 240

 出稿 ……………………………………… 240

インデックス ……………………………… 50

 設定 ………………………………………… 69

ウィジェット	160	キー色	93
ウィジェットエリア	161	キャッチフレーズ	91
お知らせ	190	設定	91
表示	190	クリック課金型広告	240
お勧め商品	215	検索エンジン	50, 69
お問い合わせページの作成	145, 182	子カテゴリー	140
		作成	140

か

カスタムメニュー	151	固定ページ	120, 142
並びかえ	157	ゴミ箱を空にする	148
メニュー位置の設定	158	作成	142
カスタムリンクメニューの作成	154	固定ページメニューの作成	155
画像を追加	126	コピーライト	103
カテゴリー	138	書き方	104
作成	138	設定	103
投稿に設定	141	コメント	70
カテゴリーメニューの作成	156	許可	70
カラーコード	96	許可しない	70
簡単インストール	33, 48	個別記事ごとに設定	71
管理者ページURL	53	コンタクトフォーム	182
		自動返信メールの設定	186

送信先のメールアドレスの設定 ……………… 186

　入力項目の設定 ……………………………… 183

さ

サーバー …………………………………… 13, 32

サイト説明文 ………………………………… 225

　設定 …………………………………………… 226

サイドバー …………………………………… 160

サイドバーウィジェットエリアの設定 ……… 165

サイトマップ ………………………………… 121

サブカテゴリー ……………………………… 140

サブディレクトリ ……………………………… 20

サブドメイン …………………………………… 20

サブメニュー ………………………………… 157

商品 …………………………………………… 210

　SKU価格の設定 …………………………… 211

　画像の設定 ………………………………… 212

　カテゴリーの設定 ………………………… 215

　基本情報の設定 …………………………… 210

　詳細の設定 ………………………………… 212

登録 …………………………………………… 215

ショートコード ……………………………… 179

ショッピングカート機能 ……………………… 81

ステップメール ……………………………… 245

スニペット …………………………………… 228

　プレビュー ………………………………… 228

スライドショー ……………………………… 193

　ヘッダー画像にスライドショーを設定 …… 193

スラッグ ………………………………… 139, 229

脆弱性 ………………………………………… 266

た

地図の表示 …………………………………… 175

地図の横幅と高さの指定 …………………… 181

ツールバー ……………………………………… 55

ディスカッション ……………………………… 71

テーマ …………………………………………14, 78

　インストール ………………………………… 79

　ダウンロード …………………………… 79, 107

投稿 …………………………………………… 120

一括操作 ……………………… 135

　　ゴミ箱から復元 ………………… 134

　　削除 …………………………… 134

　　編集 …………………………… 133

独自ドメイン ……………………… 20

トップページの作成 ……………… 142

トップレベルドメイン …………… 22

ドメイン …………………………… 20

　　取得 …………………………… 23

　　設定 …………………………… 42

　　名前の決め方 ………………… 22

　　ドメイン取得会社 ……………… 23

な

ナビゲーションメニュー ………… 151

　　作成 …………………………… 152

ニックネーム ……………………… 75

ネームサーバー …………… 28, 38, 41

　　変更 …………………………… 38

は

パーマリンク ……………………… 72

　　種類 …………………………… 72

　　変更 …………………………… 73

パスワードの管理 ………………… 267

パンくずリスト …………………… 188

　　設置 …………………………… 189

複数ページ型サイト ……………… 12

フッター色 ………………………… 96

　　変更 …………………………… 96

プラグイン ………………… 14, 172

　　インストール ……………… 82, 173

　　停止 ………………………… 227

　　有効化 …………………… 83, 174

プレビュー ………………………… 125

ブログページの作成 ………… 146, 149

文章を投稿 ………………………… 122

ヘッダー …………………………… 92

ヘッダー画像 ……………………… 99

　　設定 …………………………… 99

293

ヘッダーナビゲーション色 …………………… 94

　変更 …………………………………………… 94

ホームウィジェットエリアの変更 …………… 162

ま

マイナーアップデート ………………………… 266

メジャーアップデート ………………………… 266

メタディスクリプション ……………………… 229

メニュー（WordPressの管理画面）…………… 55

メルマガ配信 …………………………… 222, 245

文字の装飾 ……………………………………… 128

　太字にする …………………………………… 128

　見出しを作成 ………………………………… 131

　文字色を変更 ………………………………… 129

　リンクを設定 ………………………………… 130

選ぶ条件 ………………………………………… 33

契約 ……………………………………………… 34

無料レンタルサーバー ………………………… 46

ロゴ ……………………………………………… 86

　作成のコツ …………………………………… 87

　設定 …………………………………………… 87

ら

リスティング広告 ……………………… 222, 240

　出稿 …………………………………………… 240

レンタルサーバー ……………………………… 32

● ダウンロードファイルについて ●

■著者紹介

赤司 達彦（あかし たつひこ）

TechAcademy（プログラミングやアプリ開発を学べるオンラインスクール）元講師。
10年前からHTMLやCSSを利用したホームページやブログの作成を開始しプログラマへ。
iPhoneアプリエンジニアとして業務に携わる経験も持ちながら、現在はフリーランスでWordPressを利用したWebサイトを構築。ライターとしても活動中。

装幀	新井 大輔
装幀イラスト	金安 亮
本文デザイン	坂本 伸二
写真提供	Pixabay、iStock.com/code6d
編集	坂本 千尋

■本書サポートページ

https://isbn2.sbcr.jp/02987/

本書をお読みいただいたご感想を上記URLからお寄せください。
本書に関するサポート情報やお問い合わせ受付フォームも掲載しておりますので、あわせてご利用ください。

本当によくわかるWordPressの教科書 改訂2版
はじめての人も、挫折した人も、本格サイトが必ず作れる

2018年 3月 1日　初版発行
2019年 7月10日　第2版第1刷発行
2019年 9月11日　第2版第2刷発行

著　者	赤司 達彦
発行者	小川 淳
発行所	SBクリエイティブ株式会社
	〒106-0032　東京都港区六本木2-4-5
	TEL 03-5549-1201（営業）
	https://www.sbcr.jp
印刷・製本	株式会社シナノ
組　版	株式会社エストール

落丁本、乱丁本は小社営業部（03-5549-1201）にてお取り替えいたします。定価はカバーに記載されております。

Printed in Japan　ISBN 978-4-8156-0298-7